JISUANJI
FUZHU
GONGCHENG
ZAOJIA

计算机辅助
工程造价

张向荣　阎俊爱　荆树伟　主编

U0230822

化学工业出版社
·北京·

内容提要

本书分为两篇，分别为广联达 BIM 土建计量平台 GTJ2018 和广联达云计价平台 GCCP5.0，每篇均有六章内容，分别对与《建筑工程计量与计价》理论教材配套的案例工程进行计量与计价，每章有任务导引、学习目标、详细的操作步骤和参考答案，重点和难点部分也有温馨提示。学生可通过软件操作提高软件应用能力，还可以将手工算量结果与软件算量结果作对比，分析结果不一致的原因并解决问题，从而培养学生发现问题、分析问题和解决问题的能力。

本书既可以作为高等院校工程造价、工程管理、房地产开发与管理、审计学、公共事业管理、资产评估等专业的教材，同时也可以作为建设单位、施工单位、设计及监理单位工程造价人员的参考资料。

图书在版编目（CIP）数据

计算机辅助工程造价/张向荣，阎俊爱，荆树伟主编. —北京：化学工业出版社，2020.8（2024.2重印）
ISBN 978-7-122-37157-7

Ⅰ.①计…　Ⅱ.①张…②阎…③荆…　Ⅲ.①工程造价—计算机辅助计算　Ⅳ.①TU723.32

中国版本图书馆 CIP 数据核字（2020）第 092451 号

责任编辑：吕佳丽　　　　　　　　　　　　装帧设计：王晓宇
责任校对：宋　夏

出版发行：化学工业出版社（北京市东城区青年湖南街 13 号　邮政编码 100011）
印　　刷：三河市航远印刷有限公司
装　　订：三河市宇新装订厂
787mm×1092mm　1/16　印张 12¼　字数 300 千字　2024 年 2 月北京第 1 版第 6 次印刷

购书咨询：010-64518888　　　　　　　　　售后服务：010-64518899
网　　址：http://www.cip.com.cn
凡购买本书，如有缺损质量问题，本社销售中心负责调换。

定　　价：39.00 元

本书编写委员会

主　　编　张向荣　阎俊爱　荆树伟

副主编　吴士朝　张　欣　张素姣　郭丽霞

参　　编　赵雪薇　杨艳茹　张慧琴　张明亚　王建秀
　　　　　温　浩　王　帅　孙培义　姚　辉

前　言

　　用软件算量最怕的是什么？不知道软件算的究竟对不对——这是很多 人不敢使用软件的真正原因。本书就是为解决这个问题而编写，让读者通过对量学会用软件算量和计价。

　　1. 为什么很多人不敢使用软件？

　　为什么会产生这样的现象，这恰恰是因为软件把一个复杂的事情变得太简单了，广联达BIM 土建计量平台 GTJ2018 已经把手工繁琐的计算过程变成了非常简单的画图，你只要会用鼠标，能大致看懂图纸，就可以把一个工程做下来，但是，因为软件把所有的计算过程都隐藏到了计算机内部，我们看到的往往是最后的结果。软件虽然也呈现了计算过程，但是由于计算过程与手工思路不一样，很多人看不懂，这就造成了人们对软件的计算结果不放心，进而不敢使用软件。

　　2. 本书是怎样解决不敢使用软件问题的？

　　本书并没有选择去解释软件的计算过程来解决这个问题，而是选择用软件的结果与手工的标准答案进行对比。因为手工的计算过程你是清楚的，如果软件的答案与手工的答案完全一致，就证明软件算对了，进而可以证明软件的计算原理是正确的；如果软件的答案与手工的答案对不上，这时候要寻找对不上的原因，知道了原因在使用软件时候就会通过其他方式来解决问题。通过这个过程，你就掌握了软件的"脾性"，做下一个工程时你就可以熟练驾驭软件，轻松提高你的工作效率。

　　3. 你通过本书能学到什么？

　　在本书的编写过程中，我也碰到很多量与手工量对不上的情况，这时候我就会仔细检查是手工错了还是软件错了。比如，在计算外墙装修的时候就发现外墙装修的量对不上，经过仔细查对才明白，软件在计算外墙装修时计算了飘窗洞口的侧壁面积，而手工计算并不考虑飘窗洞口的侧壁面积；再比如，软件在计算内墙块料时计算了窗的四边侧壁，而手工在计算有窗台板的窗侧壁时，只计算三边的侧壁面积。这类问题我在写作过程中发现很多，最后都一一解决了，通过这个过程，我更清楚软件的"脾性"了，明白了软件在很多地方是怎么算的。我相信你使用了这本书也会达到同样的效果。

　　4. 你怎样学习这本书？

　　学习这本书的方法很简单，就是按照书中的操作步骤一步一步做下来，只要你做的答案与书中的答案对上了，就证明你做对了；如果你做的答案与书中的答案对不上，说明你做错了，返回去重新计算，直到对上答案为止。如果由于当地定额不同真的对不上，也请你仔细按照当地定额用手工算一遍某个量，找到软件对不上的原因，这对你掌握软件是非常有益的事情。如果按照我写的方法来做，你一定会通过这本书受益匪浅的。

　　5. 你在学习过程中碰到问题怎么办？

　　计算机辅助工程造价是一门实践性很强的专业课程，是计算机信息技术在建筑工程计量与计价中的实践应用。全书共分为两篇，第一篇为：土建钢筋工程量计算，利用"广联达BIM土建计量平台GTJ2018"量筋合一软件进行钢筋和土建工程量计算；第二篇为：工程量清单计价，利用"广联达云计价平台GCCP5.0"软件进行工程量清单计价。本教材根据《房屋建筑与装饰工程工程量计算规范》（GB 50854—2013）、某省预算定额、广联达BIM土建计量平台GTJ2018、广联达云计价平台GCCP5.0软件，结合一个完整的案例工程，利用量筋合一算量软件进行钢筋土建工程量计算，然后将工程量计算结果导入计价软件进行综合单价的组价和工程量清单计价。

你在学习过程中，若遇到任何问题，都可以加巧算量的企业QQ800014859咨询，有专门的老师在线解答。如果没有在线，你可以把问题留下来，写清楚书名、哪一页的问题（问题越具体越快速回答），我们会在第一时间回答你的问题。

重要说明：

本书是用13清单规则与山西定额规则写的，也许与你当地规则不一致，会有个别量与本书不一致，碰到此类问题请根据当地规则研究清楚正确结果，研究清楚软件是怎么算的，才是学习本书的真正目的。

本书由张向荣、阎俊爱、荆树伟主编，本书同时配有详细的操作PPT，读者可以登录ww.cipedu.com.cn，注册，输入书名，查询范围选课件，免费下载。PPT由赵雪薇负责，杨艳茹和姚辉整理完成。

因本书数据量过大，尽管教材编写团队多次校核，也难免存在疏漏之处，请在企业QQ800014859上提出来，我们会在第一时间更正，并在再版时修正过来。谢谢。

张向荣
2020年4月

目 录

第1篇　广联达 BIM 土建计量平台 GTJ2018

第1章　前期准备 2

1.1　新建工程 ·· 2

1.2　新建楼层 ·· 3

1.3　新建轴网 ·· 6

第2章　首层工程量计算 7

2.1　首层要计算哪些工程量 ······································· 7

2.2　首层主体结构工程量计算 ····································· 8

2.3　首层二次结构工程量计算 ···································· 32

2.4　首层装修工程量计算 ·· 56

2.5　首层其它工程量计算 ·· 70

第3章　二层工程量计算 72

3.1　二层要计算哪些工程量 ······································ 72

3.2　二层主体结构工程量计算 ···································· 73

3.3　二层二次结构工程量计算 ···································· 86

3.4　二层装修工程量计算 ·· 89

3.5　二层其它工程量计算 ······································· 101

第4章　屋面层工程量计算 103

4.1　屋面层要计算哪些工程量 ··································· 103

4.2　屋面层二次结构工程量计算 ································· 103

4.3　屋面层装修工程量计算 ····································· 110

4.4　屋面层其它工程量计算 ····································· 112

第 5 章　基础层工程量计算 **113**

5.1　基础层要计算哪些工程量 ································· 113
5.2　基础层主体结构工程量计算 ······················· 114
5.3　基础层大开挖工程量计算 ························· 125
5.4　基础层装修工程量计算 ··························· 126

第 6 章　报表 **128**

6.1　钢筋报表汇总 ································ 128
6.2　土建报表汇总 ································ 130

第 2 篇　广联达云计价平台 GCCP5.0

第 7 章　实体项目 **134**

7.1　新建工程及功能介绍 ····························· 134
7.2　土方工程 ······································· 136
7.3　砌筑工程 ······································· 139
7.4　混凝土工程 ····································· 141
7.5　门窗工程 ······································· 144
7.6　屋面工程 ······································· 144
7.7　墙面防水 ······································· 145
7.8　地面防水 ······································· 146
7.9　墙面保温工程 ··································· 146
7.10　楼地面工程 ···································· 146
7.11　墙面装饰 ······································ 149
7.12　天棚抹灰 ······································ 150
7.13　其它 ·· 150

第 8 章　钢筋工程 **151**

8.1　主体钢筋 ······································· 151
8.2　钢筋接头 ······································· 152
8.3　植筋 ·· 152
8.4　预埋铁件 ······································· 153

第9章　措施项目　154

9.1　整理 ·· 154
9.2　施工组织措施项目 ··· 156
9.3　施工技术措施项目 ··· 157

第10章　其它项目　160

10.1　暂列金额 ··· 160
10.2　专业工程暂估价 ··· 160
10.3　计日工 ··· 161
10.4　总承包服务费 ··· 161

第11章　人材机调价　163

11.1　载入造价信息 ··· 163
11.2　按造价信息调整材料价格 ·· 165

第12章　费用汇总与报表输出　166

12.1　费用汇总 ··· 166
12.2　报表输出 ··· 167

附图　169

参考文献　188

第1篇
广联达 BIM 土建计量平台 GTJ2018

  "广联达 BIM 土建计量平台 GTJ2018"软件是把原来"广联达 BIM 土建算量软件 GCL2013"和"广联达 BIM 钢筋算量软件 GGJ2013"合二为一的量筋合一软件，即该软件将广联达钢筋算量业务和土建算量业务进行了整合。该软件通过绘图建模的方式，快速建立建筑物的计算模型，软件会自动根据内置的《房屋建筑与装饰工程工程量计算规范》(GB 50854—2013)及全国各地定额计算规则、16G101-3系列平法钢筋规则，实现土建和钢筋工程量的自动计算，在计算过程中工程造价人员能够快速准确地计算和校对，达到算量方法的实用化，算量过程的可视化，算量结果的准确化。实现一次建模，同时作用于钢筋及土建工程，完成二者工程量的计算。

  利用该软件计算土建钢筋工程量的整个操作流程，如图 0-1 所示。

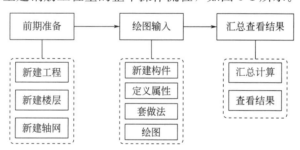

图 0-1   "广联达 BIM 土建计量平台 GTJ2018"软件的操作流程

  不同结构形式的建筑，其构件画图顺序如图 0-2 所示。

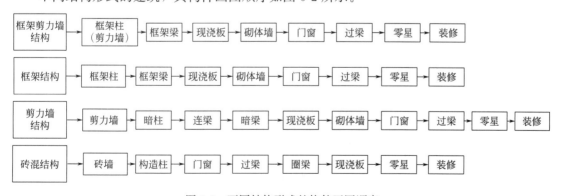

图 0-2   不同结构形式的构件画图顺序

第1章 前期准备

从本章开始，我们开始利用该软件计算案例工程的钢筋和土建工程量。以下所有的操作都是建立在你的电脑上装有"广联达 BIM 土建计量平台 GTJ2018"软件。

任务引导

在用"广联达 BIM 土建计量平台 GTJ2018"计算案例工程的工程量前，请大家先熟悉一下案例图纸，并从图纸中找出下列信息：本案例的结构类型，基础形式，层数，层高，檐高，首层底的结构标高，混凝土构件的强度等级，抗震等级，室外地坪标高。

1.1 新建工程

左键单击电脑屏幕左下角"开始"菜单→单击"所有程序"菜单→单击"广联达建设工程造价管理整体解决方案"下拉菜单→单击"广联达 BIM 土建计量平台 GTJ2018"→打开软件→单击"新建工程"，软件弹出"新建工程"：第一步，"工程名称"界面→将工程名称"工程1"修改成"快算公司培训楼"，按所在地区分别选择清单规则、定额规则、清单库、定额库。如图 1-1 所示。

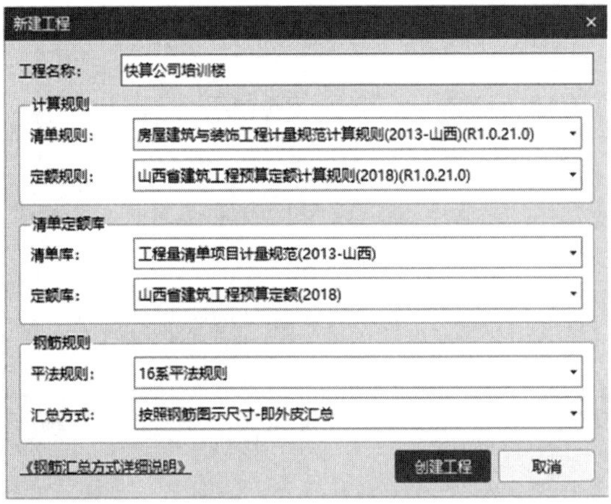

图 1-1　新建工程

温馨提示：

1. 计算规则和清单定额库根据所在地区有针对性地选择。

2. "广联达 BIM 土建计量平台 GTJ2018"在钢筋汇总方式中提供了两种汇总方式：①按照钢筋图示尺寸-即外皮汇总；②按照钢筋下料尺寸-即中心线汇总。两种汇总方式是为了满足不同地区规则需求。不同地区的规则存在一定差异，如果有明确要求的则按要求执行；如果没有明确要求的，就需要结合清单、定额规则说明、答疑、或解释的要求并根据项目的实际情况判断、选择汇总方式。

汇总方式的选择根据山西省定额，采取"按照钢筋图示尺寸（外皮汇总）"进行计算。

单击"创建工程"完成新建工程。第二步，单击"工程信息"界面→将第 14 行"檐高"修改为"7.6"；将第 19 行"抗震等级"修改为"二级抗震"；将第 27 行"室外地坪相对 ±0.000 标高（m）"修改为"－0.45"；其余行对工程计算结果无影响不用填写或修改。工程信息设置如图 1-2 所示。

图 1-2 工程信息设置

设置完关闭界面即可。

温馨提示：建筑物檐高和结构类型影响其抗震等级，因此，必须根据图纸如实填写。建筑物檐高以室外设计地坪标高作为计算起点。①平屋顶带挑檐者，算至挑檐板下皮标高；②平屋顶带女儿墙者，算至屋顶结构板上皮标高。本文为平屋顶带女儿墙，则檐高算至挑檐板上皮标高，檐高＝檐口标高－室外地坪＝7.15－（－0.45）＝7.6m。

软件中相应属性需要根据图纸进行修改，否则会影响工程量计算结果。

1.2 新建楼层

一般工程计量以结构标高为准，所以使用结构标高建立楼层，从梁配筋图或板配筋图里可查到楼层的结构标高。

1.2.1 寻找楼层标高信息

一般工程如果没有地下室，以±0.000 为基础和楼层的分界线，±0.000 以下是基础，以上是楼层，按结构层"－0.05"作为基础和楼层的分界点。根据结施 2 中现成的结构层楼面标高表，可得出楼层标高信息。

1.2.2 建立楼层

根据结施 2 来建立层高，操作步骤如下。

单击"楼层设置"进入主界面，单击"插入楼层"按钮 3 次，软件默认鼠标在首层编码位置，出现如图 1-3 所示。

根据结施 2 的结构层楼面标高表修改每层的层高，并将首层底标高"0.000"修改为

"—0.050"，这样每层底标高会自动发生变化，并与图纸一致，如图 1-4 所示。

首层	编码	楼层名称	层高(m)	底标高(m)
☐	4	第4层	3	8.95
☐	3	第3层	3	5.95
☐	2	第2层	3	2.95
☑	1	首层	3	-0.05
☐	0	基础层	3	-3.05

图 1-3　新建楼层

首层	编码	楼层名称	层高(m)	底标高(m)
☐	4	楼梯手算层	3	7.75
☐	3	屋面层	0.6	7.15
☐	2	第2层	3.6	3.55
☑	1	首层	3.6	-0.05
☐	0	基础层	1.45	-1.5

图 1-4　楼层高度设置

温馨提示：由结施 8 可知，女儿墙（即屋面层）的高度是 0.6m。基础层的层高是指一层结构底标高到基础层底（不是垫层底）标高的距离，从结施 1 基础剖面图可知，基础层的层高为 —0.05—（—1.5）＝1.45（m）。楼梯手算层是为了方便手算楼梯的栏杆和扶手设置的，不是真正意义上的楼层。

1.2.3　调整抗震、强度等级、保护层

根据"结构总说明"中的要求，调整首层重要构件的抗震等级、混凝土强度等级和保护层厚度。修改"基础"和"基础梁"的抗震等级为"非抗震"（从结构总说明里查到是二级抗震，如果没有特殊说明，基础及板都是非抗震），修改完后，将首层调整好的抗震等级、强度等级、保护层复制到其它层，单击窗口下端的"复制到其它楼层"，如图 1-5 所示。

温馨提示：构件的抗震等级、混凝土强度等级和保护层厚度的变化对工程钢筋计算量有一定的影响。混凝土强度等级影响钢筋的搭接与锚固；根据《建筑抗震设计规范》（GB 50011—2010）可知，设防烈度、结构模式、檐高决定抗震等级，而抗震等级又决定钢筋的搭接和锚固，所以抗震等级对钢筋计算量有一定影响。

勾选"快算公司培训楼"→单击"确定"→出现成功复制到所选楼层的提示框，单击"确定"，这样楼层就建立好了，关闭"楼层设置"界面，如图 1-6 所示。

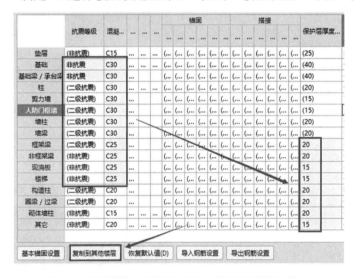

图 1-5　抗震等级、混凝土强度、保护层厚度的修改

图 1-6　成功复制到其它楼层

1.2.4　搭接设置

钢筋搭接应按设计图纸注明或规范要求计算；图纸未注明搭接的按温馨提示的规定计算

搭接数量。

温馨提示：

① 计算钢筋量时，应按施工图或规范要求，计算搭接长度。设计未规定搭接长度的，按每 9m 计算一个接头，接头长度按规定计算。

② 施工用固定位置的支撑钢筋，双层钢筋用的“马凳”按施工组织设计并入钢筋总量中计算。

单击“工程设置”进入主界面，单击“钢筋设置”中的“计算设置”进入计算设置界面，单击“搭接设置”。

根据“结构总说明”中的“4.2 钢筋的接头形式及要求”，把≥16 的钢筋，调整成直螺纹连接。修改 4、5、9、10、14、15 行的链接方式为“直螺纹连接”，调整鼠标出现“十”字，选择“直螺纹连接”拖拽，如图 1-7 所示。

温馨提示：钢筋的接头形式及要求：① 纵向受力钢筋直径≥16mm 的纵筋应采取等强机械连接接头，接头应 50%错开，接头性能等级不低于 2 级；② 当采用搭接时，搭接长度范围应配置箍筋，箍筋间距不应大于搭接钢筋较小直径的 5 倍，且不应大于 100mm。

水平筋修改定尺长度，墙柱垂直筋随层走，不用修改，则“其余钢筋定尺”修改为“9000”，完成后关闭窗口，如图 1-8 所示。

计算规则　节点设置　箍筋设置　搭接设置　箍筋公式

	钢筋直径范围	连接形式							
		基础	框架梁	非框架梁	柱	板	墙水平筋	墙垂直筋	其它
1	HPB235,HPB300								
2	3~10	绑扎	绑扎	绑扎	绑扎	绑扎	绑扎	绑扎	绑扎
3	12~14	绑扎	绑扎	绑扎	绑扎	绑扎	绑扎	绑扎	绑扎
4	16~22	直螺纹连接	直螺纹连接	直螺纹连接	直螺纹连接	直螺纹连接	直螺纹连接	直螺纹连接	直螺纹连接
5	25~32	直螺纹连接	直螺纹连接	直螺纹连接	直螺纹连接	直螺纹连接	直螺纹连接	直螺纹连接	直螺纹连接
6	HRB335,HRB3...								
7	3~10	绑扎	绑扎	绑扎	绑扎	绑扎	绑扎	绑扎	绑扎
8	12~14	绑扎	绑扎	绑扎	绑扎	绑扎	绑扎	绑扎	绑扎
9	16~22	直螺纹连接	直螺纹连接	直螺纹连接	直螺纹连接	直螺纹连接	直螺纹连接	直螺纹连接	直螺纹连接
10	25~50	直螺纹连接	直螺纹连接	直螺纹连接	直螺纹连接	直螺纹连接	直螺纹连接	直螺纹连接	直螺纹连接
11	HRB400,HRB4...								
12	3~10	绑扎	绑扎	绑扎	绑扎	绑扎	绑扎	绑扎	绑扎
13	12~14	绑扎	绑扎	绑扎	绑扎	绑扎	绑扎	绑扎	绑扎
14	16~22	直螺纹连接	直螺纹连接	直螺纹连接	直螺纹连接	直螺纹连接	直螺纹连接	直螺纹连接	直螺纹连接
15	25~50	直螺纹连接	直螺纹连接	直螺纹连接	直螺纹连接	直螺纹连接	直螺纹连接	直螺纹连接	直螺纹连接

图 1-7　搭接设置修改

墙柱垂直筋定尺	其余钢筋定尺
8000	9000
10000	9000
10000	9000
10000	9000
8000	9000
10000	9000
10000	9000
10000	9000
8000	9000
10000	9000
10000	9000
10000	9000
8000	9000
8000	9000

图 1-8　钢筋定尺修改

温馨提示：钢筋定尺是根据国家标准生产的合格钢筋的出厂长度。设计未规定搭接长度的，按每 9m 计算一个接头，接头长度按规定计算。

1.2.5　调整钢筋的比重

单击“工程设置”进入主界面，单击“比重设置”进入比重设置界面，修改第 4 行中直径为 6mm 的钢筋比重为“0.26”，完成后关闭窗口，如图 1-9 所示。

温馨提示：市场目前没有直径 6mm 的钢筋，图纸标注的直径 6mm 的钢筋，实际用的是 6.5mm 的钢筋，比重是 0.26。

普通钢筋　冷轧带肋钢筋　冷轧扭钢筋　预应

	直径(mm)	钢筋比重(kg/m)
1	3	0.055
2	4	0.099
3	5	0.154
4	6	0.26
5	6.5	0.26
6	7	0.302
7	8	0.395
8	9	0.499
9	10	0.617

图 1-9　钢筋比重修改

1.3 新建轴网

单击"轴线"前面的"$\boxplus$"将其展开→单击下一级"轴网"→单击"构件列表"下的"新建"下拉菜单→单击"新建正交轴网"进入建立轴网界面，软件默认构件名称为"轴网-1"，鼠标默认在"下开间"位置，根据建施1"首层平面图"来建立轴网。

单击"插入"按钮，软件会弹出轴距，根据图纸修改下开间数据，如图1-10所示。

温馨提示：此处轴号和轴距可以根据图纸的实际情况进行修改。

单击"左进深"按钮→单击"插入"按钮，软件弹出轴距，根据图纸修改左进深数据，如图1-11所示。

从建施1可以看出，上开间和下开间稍有不同，右进深和左进深一样，所以用相同方法把上开间建立一下。

温馨提示：输完开间进深数据只完成了定义轴网，还需要进入建模界面点击绘图，轴网才能画上，因此需进行以下操作。

单击右上角关闭，软件会弹出"请输入角度"对话框，如图1-12所示。

图 1-10 插入下开间轴网

图 1-11 插入左进深轴网　　图 1-12 输入轴网角度

本图属于正交轴网，轴网与 x 方向的角度为 0，软件默认的角度就是 0，单击"确定"，轴网就建立好了，如图1-13所示。

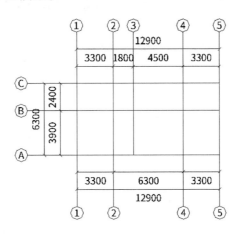

图 1-13 轴网绘制

轴网建好后，就可以画每层的构件了，按照手工习惯，一般从基础层开始算起，但是软件一般是根据个人习惯从某一层开始，然后向上或向下复制，利用画好的构件上下复制来提高画图效率。本工程按大多数人习惯选择从首层开始计算。

第 2 章　首层工程量计算

任务引导

　　首先仔细阅读首层平面图，明确本案例包括哪些构件，其次查看与首层主要构件（柱、梁、板）有关的平法配筋图，重点难点为楼梯的结构及钢筋信息。

2.1　首层要计算哪些工程量

　　接下来画首层构件，在画构件之前首先要根据图纸了解首层要计算哪些构件工程量，根据建筑物列项原理（详见《建筑工程计量与计价》理论教材，阎俊爱主编），列出首层要计算的主要构件，如图 2-1 所示。

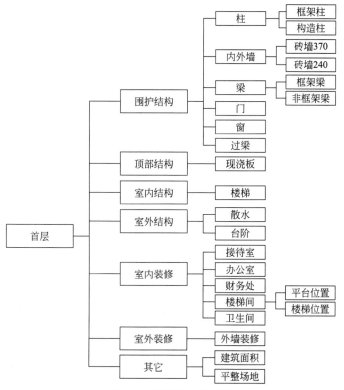

图 2-1　首层的主要构件

前言讲的构件画图顺序与建筑物的结构有关，本案例属于框架结构，因此，构件画图的顺序为：

柱→梁→板→砖墙→门→窗→过梁→构造柱→楼梯→室外构件→室内装修→室外装修。

温馨提示：以上画构件的顺序可以分成：主体结构、二次结构、装修和其它四部分，以后每层将按照该顺序来画各种构件。

2.2　首层主体结构工程量计算

2.2.1　软件功能布局

在正式开始各种构件的画图算量前，先熟悉一下软件的功能分区。软件大概分为四个功能区，即菜单栏、构件导航栏、构件定义属性编辑栏和绘图区域。如图 2-2 所示。

图 2-2　软件的功能分区图

2.2.2　画框架柱

 学习目标

掌握广联达 BIM 土建计量软件构件画图算量的基本流程，能看懂柱的平法配筋图，并找出柱的截面宽度、高度、角筋、H 边及 B 边钢筋、箍筋等信息，准确定义框架柱的属性，并正确套用框架柱的做法，正确画图并通过软件的汇总计算得出首层框架柱的混凝土、模板及钢筋工程量。

从结施3（柱定位及平法配筋图）可以看出，本工程框架柱共有3种柱子，分别是KZ1、KZ2、KZ3。首先定义这三种柱。

2.2.2.1 定义框架柱

首先定义框架柱，操作步骤如下：

单击左边构件导航栏中"柱"前面的"▣"将其展开→单击下一级"柱"，单击"构件列表"下的"新建"下拉菜单→单击"新建矩形柱"，对柱的"属性列表"进行修改，将"KZ1"的"截面宽度"和"截面高度"分别改为"500"，"角筋"修改为"4 Φ C18"，"B边一侧中部筋"修改为"3 Φ 18"，"H边一侧中部筋"修改为"3 Φ 18"，"箍筋"修改为"Φ10@100/200（5×5）"，定义好的KZ1属性如图2-3所示。

双击KZ1，进入KZ1的"定义"界面→单击"构件做法"→单击"查询清单库"进入清单"章节查询"界面→单击"混凝土及钢筋混凝土工程"前面的"▷"号将其展开→单击"现浇混凝土柱"→双击"矩形柱"，矩形柱清单子目就自动填充到上面的清单表格里了，如图2-4所示。

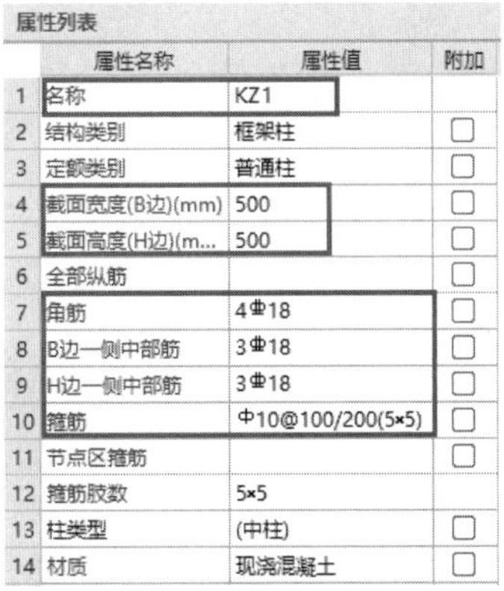

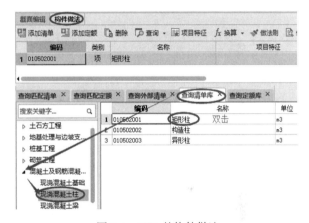

图 2-3 定义 KZ1 的属性   图 2-4 KZ1 的构件做法

单击"项目特征"按钮，软件自动变换到"项目特征"编辑栏→选择特征如图2-5所示。

单击"添加定额"按钮，软件会自动在清单下一行弹出白色的定额空白行，如图2-6所示。

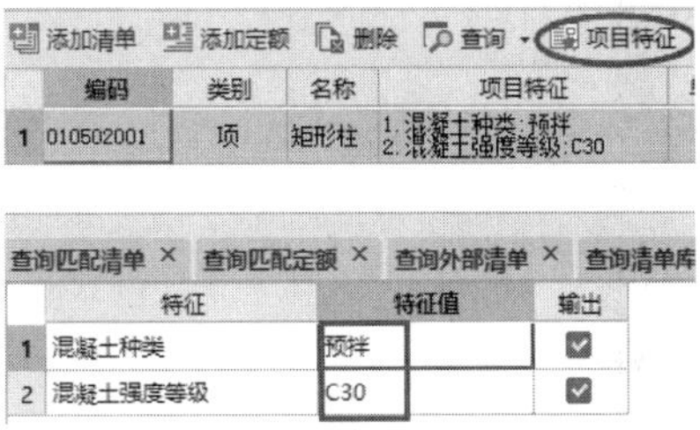

图 2-5 KZ1 的项目特征    图 2-6 KZ1 添加定额

全国各地区都有各自的预算定额，定额子目的编号都不相同，为了方便，这里用定额子目来编写。

在"编码"一栏填写"子目1"→在"项目名称"一栏填写"框架柱体积"→在"单位"一栏选择"m³"，在"工程量表达式"点击下拉式菜单"▽"，选择"体积"即可，如

图 2-7 所示。

	编码	类别	名称	项目特征	单位	工程量表达式	表达式说明
1	0105020 01	项	矩形柱	1. 混凝土种类: 预拌 2. 混凝土强度等级: C30	m3	TJ	TJ〈体积〉
2	子目1	补	框架柱体积		m3	TJ	TJ〈体积〉

图 2-7 KZ1 工程量表达式选择

单击"查询清单库"进入清单"章节查询"界面→单击"查询措施"→单击"措施项目"前面的"▷"号将其展开→单击"混凝土模板及支架（撑）"→双击"矩形柱"，清单子目会自动填充到"KZ1"的做法里→在项目特征一栏直接打字添加项目特征为"普通模板"，如图 2-8 所示。

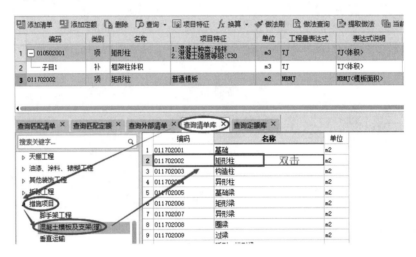

图 2-8 KZ1 的措施项目查询及添加

温馨提示：模板的组价有两种做法：一种是在混凝土清单中组价，一种是在措施项目中单列。为了使用方便，本案例工程用的是第二种，模板的清单项单列，其综合单价单独组价，不在混凝土中进行组价。

单击"添加定额"按钮 2 次，软件自动在清单下一行添加两行定额空白行→在"编码"一栏分别填写"子目 1"和"子目 2"→在"项目名称"一栏分别填写"框架柱模板面积"和"模架柱超高模板面积"→单位都选择"m^2"→代码分别选择"MBMJ"和"CGMB-MJ"，如图 2-9 所示。

	编码	类别	名称	项目特征	单位	工程量表达式	表达式说明
1	010502001	项	矩形柱	1. 混凝土种类: 预拌 2. 混凝土强度等级: C30	m3	TJ	TJ〈体积〉
2	子目1	补	框架柱体积		m3	TJ	TJ〈体积〉
3	011702002	项	矩形柱	普通模板	m2	MBMJ	MBMJ〈模板面积〉
4	子目1	补	框架柱模板面积		m2	MBMJ	MBMJ〈模板面积〉
5	子目2	补	框架柱超高模板面积		m2	CGMBMJ	CGMBMJ〈超高模板面积〉

图 2-9 KZ1 措施项目添加定额

KZ2 和 KZ3 与 KZ1 类似，可以利用 KZ1 进行复制，具体操作步骤如下：

单击"KZ1"，单击"复制"（两次），软件会自动生成"KZ2、KZ3"，根据结施 3 中 KZ2、KZ3 的具体信息修改截面尺寸与钢筋信息，其它不变，定义好的 KZ2、KZ3 的属性如图 2-10 所示。

　　温馨提示：截面尺寸包括截面宽度与截面高度。钢筋信息包括角筋、B 边一侧中部筋、H 边一侧中部筋、箍筋、箍筋肢数。

图 2-10　定义 KZ2、KZ3 的属性

　　温馨提示：虽然钢筋的箍筋信息已经修改，但有时箍筋的大小是不会改变的，需要重新画，此时，单击"截面编辑"，对照图纸修改箍筋的位置，没有错误后，就可以开始画柱子了。

2.2.2.2　画框架柱

　　单击建模按钮进入到绘图界面→选择"KZ1"，鼠标移动到 1/C 处，左手按住 Ctrl 键，单击鼠标左键，会弹出一个框架柱编辑位置对话框，如图 2-11 所示。

　　从结施 3 可以看出，1/C 处 KZ1 与对话框标注完全相同，所以不用修改，敲击回车 KZ1 就画好了，如果出现偏心柱，可以修改上下左右数据来满足图纸要求。

　　用同样的方法把其它位置的框架柱按照图纸布置完毕，布置完的首层框架柱如图 2-12 所示。

　　温馨提示：在英文状态下按"Shift＋Z"，绘图区界面会显示柱的名称，便于检查柱画的是否正确。

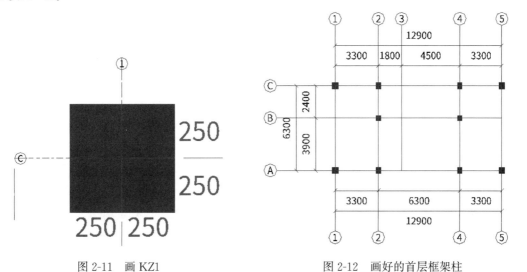

图 2-11　画 KZ1　　　　　　　　　图 2-12　画好的首层框架柱

2.2.2.3 查看框架柱软件计算结果

图 2-13　汇总计算

单击"工程量"进入主界面→单击"汇总计算"按钮，弹出"汇总计算"对话框，如图 2-13 所示。

软件默认汇总就在首层→单击"确定"，等汇总完毕后单击"确定"。

（1）框架柱混凝土工程量。单击"查看工程量"按钮→拉框选择所有画好的柱子，弹出"查看构件图元工程量"对话框→单击"查看工程量"→选择做法工程量，首层框架柱工程量计算结果如表 2-1 所示。

表 2-1　首层框架柱工程量汇总表

编码	项目名称	单位	工程量
010502001	矩形柱	m³	7.632
子目 1	框架柱体积	m³	7.632
011702002	矩形柱	m²	66.24
子目 1	框架柱模板面积	m²	66.24
子目 2	框架柱超高模板面积	m²	12.88

单击"退出"按钮，退出查看构件图元工程量对话框。

（2）框架柱钢筋工程量。单击"查看钢筋量"按钮→拉框选择所有画好的柱子，弹出"查看钢筋量"对话框，可得到柱的钢筋量总量，如表 2-2 所示。

表 2-2　首层框架柱钢筋工程量汇总表

构件名称	构件数量	钢筋总质量/kg	HPB300/kg			HRB400/kg	
			8mm	10mm	合计	18mm	合计
KZ1	4	212.76		98.2	98.2	114.56	114.56
KZ2	4	179.99		79.75	79.75	100.24	100.24
KZ3	2	125.62	39.7		39.7	85.92	85.92
合计		1822.24	79.4	711.8	791.2	1031.04	1031.04

钢筋总质量/kg：1822.24

单击右上角的"×"按钮，退出查看钢筋量对话框。

温馨提示：柱子是竖向构件，竖向构件的钢筋量和上、下层有关系，所有单一层不是最终的钢筋量。柱子在这里只要确认定义和画的对就可以，不用对量。

对于柱的混凝土工程量，当工程量计算不一致或错误时，单击"工程量"中的"查看工程量"，可以查看混凝土工程量计算公式。该构件的计算公式，如图 2-14 所示。

对于柱的钢筋工程量，单击"工程量"中的"编辑钢筋"，可以查看钢筋的详细信息，如图 2-15 所示。

图 2-14 KZ1 的工程量计算公式

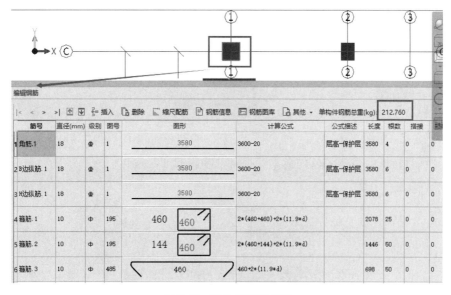

图 2-15 KZ1 的钢筋信息

2.2.3 画首层梁

 学习目标

能看懂首层梁的平法配筋图，并找出梁的截面尺寸、首层梁的集中标注与原位标注、肢数等信息，准确定义并编辑首层框架梁的属性，能正确套用框架梁的做法，正确画图并通过软件的汇总计算得出首层框架梁的混凝土、模板及钢筋工程量。

根据结施 4（3.55 梁平法配筋图）来画首层框架梁，首层有五种框架梁，分别是 KL1～

KL5；次梁有一种，为 L1。下面分别定义这些梁。

2.2.3.1　定义梁

首先定义梁，操作步骤如下。

单击构件导航栏里"梁"前面的"➕"将其展开→单击下一级"梁"，单击"构件列表"下的"新建"下拉菜单→单击"新建矩形梁"，将"KL-1"改为"KL1"，"截面宽度"改为"370"，"截面高度"改为"500"，"箍筋"修改为"Φ8@100/200（4）"，"肢数"修改为"4"，"上部通长筋"修改为"4Φ25"，定义好的 KL1 如图 2-16 所示。

双击"KL1"，进入 KL1 的"定义"界面→单击"构件做法"→单击"查询清单库"进入清单章节查询界面→单击混凝土及钢筋混凝土工程前面的"▷"号将其展开→现浇混凝土板→双击"矩形梁"，矩形梁清单子目就自动填充到 KL1 的清单子目里了，如图 2-17 所示。

图 2-16　定义 KL1 的属性

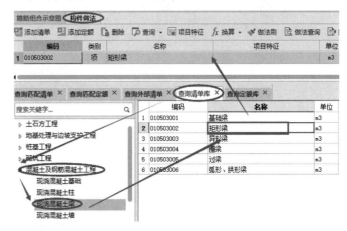

图 2-17　KL1 的构件做法

单击"项目特征"按钮，软件自动变换到"项目特征"编辑栏→手工填写项目特征，如图 2-18 所示。

图 2-18　KL1 的项目特征

单击"添加定额"按钮，软件自动在清单下一行弹出白色的定额空白行，在"编码"一栏填写"子目 1"→在项目名称一栏填写"框架梁体积"→在单位一栏选择在"m³"，在工程量表达式点击"▽"，选择"体积"即可，如图 2-19 所示。

	编码	类别	名称	项目特征	单位	工程量表达式	表达式说明
1	⊟ 010503002	项	矩形梁	1.混凝土种类:预拌 2.混凝土强度等级:C25	m3	TJ	TJ<体积>
2	子目1	补	框架梁体积		m3	TJ	TJ<体积>

图 2-19　添加 KL1 定额

单击"查询清单库"进入清单"章节查询"界面→单击"查询措施"→单击措施项目前面的"▷"号将其展开→单击"混凝土模板及支架（撑）"→双击"矩形梁"，清单子目会自动填充到 KL1 的做法里→在项目特征一栏直接打字添加项目特征为"普通模板",如图 2-20 所示。

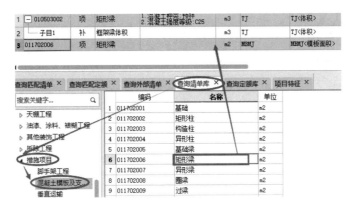

图 2-20 KL1 的措施项目查询及添加

单击"添加定额"按钮 2 次,软件自动在清单下一行添加两行定额空白行→在编码一栏分别填写"子目 1"和"子目 2"→在项目名称一栏分别填写"框架梁模板面积"和"框架架梁超高模板面积"→单位都选择"m²"→代码分别选择 MBMJ 和 CGMBMJ,如图 2-21 所示。

	编码	类别	名称	项目特征	单位	工程量表达式	表达式说明
1	─ 010503002	项	矩形梁	1. 混凝土种类: 预拌 2. 混凝土强度等级: C25	m3	TJ	TJ〈体积〉
2	└ 子目1	补	框架梁体积		m3	TJ	TJ〈体积〉
3	─ 011702006	项	矩形梁	普通模板	m2	MBMJ	MBMJ〈模板面积〉
4	└ 子目1	补	框架梁模板面积		m2	MBMJ	MBMJ〈模板面积〉
5	└ 子目2	补	框架梁超高模板面积		m2	CGMBMJ	CGMBMJ〈超高模板面积〉

图 2-21 KL1 措施项目添加定额

KL2～KL5 可以利用 KL1 进行复制,具体操作步骤如下:

单击"KL1",点击"复制"(四次),软件会自动生成 KL2、KL3、KL4、KL5,根据结施 4 中 KL2、KL3、KL4、KL5 的具体信息修改截面尺寸与钢筋信息,做法与 KL1 保持不变,定义好的 KL2、KL3、KL4、KL5 的属性如图 2-22 所示。

温馨提示:截面尺寸包括截面宽度与截面高度。钢筋信息包括箍筋、肢数、上部通长筋、下部通长筋。

	属性名称	属性值	附加
1	名称	KL2	
2	结构类别	楼层框架梁	
3	跨数量		
4	截面宽度(mm)	370	
5	截面高度(mm)	500	
6	轴线距梁左边…	(185)	
7	箍筋	Φ8@100/200(4)	
8	肢数	4	
9	上部通长筋	4Φ25	
10	下部通长筋	4Φ25	
11	侧面构造或受…		
12	拉筋		
13	材质	现浇混凝土	
14	混凝土类型	(现浇混凝土 …	
15	混凝土强度等级	(C25)	

	属性名称	属性值	附加
1	名称	KL3	
2	结构类别	楼层框架梁	
3	跨数量		
4	截面宽度(mm)	370	
5	截面高度(mm)	500	
6	轴线距梁左边…	(185)	
7	箍筋	Φ8@100/200(4)	
8	肢数	4	
9	上部通长筋	2Φ25+(2Φ12)	
10	下部通长筋		
11	侧面构造或受…		
12	拉筋		
13	材质	现浇混凝土	
14	混凝土类型	(现浇混凝土 …	
15	混凝土强度等级	(C25)	

	属性名称	属性值	附加
1	名称	KL4	
2	结构类别	楼层框架梁	
3	跨数量		
4	截面宽度(mm)	240	
5	截面高度(mm)	500	
6	轴线距梁左边…	(120)	
7	箍筋	Φ8@100/200(2)	
8	肢数	2	
9	上部通长筋	2Φ22	
10	下部通长筋		
11	侧面构造或受…		
12	拉筋		
13	材质	现浇混凝土	
14	混凝土类型	(现浇混凝土 …	
15	混凝土强度等级	(C25)	

	属性名称	属性值	附加
1	名称	KL5	
2	结构类别	楼层框架梁	
3	跨数量		
4	截面宽度(mm)	240	
5	截面高度(mm)	500	
6	轴线距梁左边…	(120)	
7	箍筋	Φ8@100/200(2)	
8	肢数	2	
9	上部通长筋	4Φ22	
10	下部通长筋	4Φ22	
11	侧面构造或受…		
12	拉筋		
13	材质	现浇混凝土	
14	混凝土类型	(现浇混凝土 …	
15	混凝土强度等级	(C25)	

图 2-22 定义 KL2、KL3、KL4、KL5 的属性

L1 也可以用复制的方法,但需要把类别改为非框架梁,修改好的 L1 如图 2-23 所示。

	属性名称	属性值	附加
1	名称	L1	
2	结构类别	非框架梁	☐
3	跨数量		☐
4	截面宽度(mm)	240	☐
5	截面高度(mm)	400	☐
6	轴线距梁左边...	(120)	☐
7	箍筋	Φ8@100/200(2)	☐
8	肢数	2	☐
9	上部通长筋	4Φ18	☐
10	下部通长筋	4Φ18	☐
11	侧面构造或受...		☐
12	拉筋		☐
13	材质	现浇混凝土	☐
14	混凝土类型	(现浇混凝土 ...	☐
15	混凝土强度等级	(C25)	☐

	编码	类别	名称	项目特征	单位	工程量表达式	表达式说明
1	⊟ 010503002	项	矩形梁（L1）	混凝土种类:预拌 混凝土强度等级:C25	m3	TJ	TJ<体积>
2	子目1	补	非框架梁体积		m3	TJ	TJ<体积>
3	⊟ 011702006	项	矩形梁（L1）	普通模板	m2	MBMJ	MBMJ<模板面积>
4	子目1	补	非框架梁模板面积		m2	MBMJ	MBMJ<模板面积>
5	子目2	补	非框架梁超高模板面积		m2	CGMBMJ	CGMBMJ<超高模板面积>

图 2-23　定义 L1 的属性及构件做法

2.2.3.2　画梁

（1）先把梁画到轴线上。梁属于线型构件，第一步先把梁画到轴线上，操作步骤如下：

单击"建模"按钮进入到绘图界面，按照结施 4 首层梁平法配筋图，按先后顺序来画首层梁。

选中"KL1"名称→单击 1/C 交点→单击 5/C 交点→单击右键结束。如图 2-24 所示。

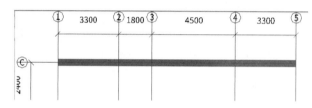

图 2-24　画 KL1

单击"原位标注"→单击选中梁，进行标注，如图 2-25 所示。

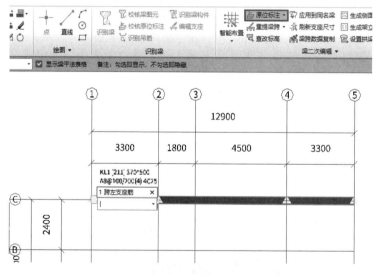

图 2-25　进行 KL1 的原位标注

根据提示输入第一跨的钢筋，第一跨的钢筋没有跨左支座筋，则回车→没有跨中筋回车→没有跨右支座筋，回车→跨下部筋输入 4C25，参照图纸输入，输入完成后回车，下面的输入方式同此步骤，如图 2-26 所示。

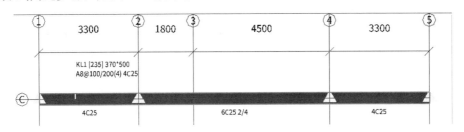

图 2-26　KL1 的原位标注

选中"KL2"名称→单击 5/A 交点→单击 5/C 交点→单击右键结束，其原位标注中跨左支座筋为 6C22 4/2，跨右支座筋为 6C22 4/2，参照图纸输入即可，如图 2-27 所示。

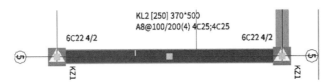

图 2-27　KL2 的原位标注

选中"KL2"名称→单击 1/A 交点→单击 1/C 交点→单击右键结束→单击原位标注→单击选中梁，右键结束即可（此原位标注不需要输入）。

温馨提示： 如果图中已画好同名称梁，软件会自动查找同名称梁的原位标注，不需另外输入。

选中"KL3"名称→单击 1/A 交点→单击 5/A 交点→单击右键结束，其原位标注与KL1 的操作相似，参照图纸输入即可，如图 2-28 所示。

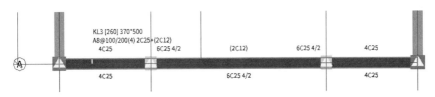

图 2-28　KL3 的原位标注

选中"KL4"名称→单击 2/A 交点→单击 2/C 交点→单击右键结束，其原位标注与KL1 的操作相似，参照图纸输入即可，如图 2-29 所示。

选中"KL4"名称→单击 4/A 交点→单击 4/C 交点→单击右键结束→单击原位标注→单击选中梁，右键结束即可（此原位标注不需要输入）。

选中"KL5"名称→单击 2/B 交点→单击 4/B 交点→单击右键结束，其原位标注与KL1 的操作相似，参照图纸输入即可，如图 2-30 所示。

图 2-29　KL4 的原位标注　　　　　　　　图 2-30　KL5 的原位标注

选中"L1"名称→单击3/B交点→单击3/C交点→单击右键结束→单击原位标注→单击选中梁，右键结束即可（参照图纸L1没有原位标注，所以不用输入，在空白处单击鼠标右键即可）。画好的首层梁如图2-31所示。

在英文状态下按Shift+L绘图界面会显示梁的名称，便于对照图纸来检查梁画的是否正确。

（2）画次梁加筋。根据结构设计总说明，主梁和次梁相交的位置需要设置次梁加筋。单击"建模"按钮进入主界面→单击"生成吊筋"进入界面→在"次梁加筋"处输入6→单击"选择楼层"→单击选择"首层（当前楼层）"→单击确定，如图2-32所示。

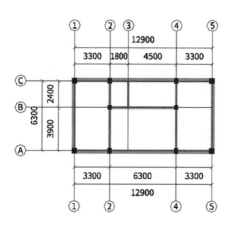

图2-31　画好的首层梁

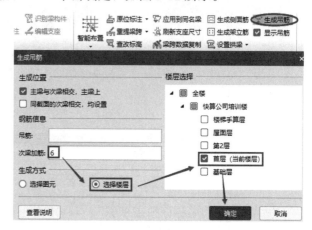

图2-32　定义首层次梁加筋

画好的首层次梁加筋如图2-33所示。

（3）对齐梁。梁已经画到轴线上，但与图纸并不相符，因此，要按照图纸把梁与柱子外皮对齐，操作步骤如下。单击"对齐"按钮→选择"对齐"，如图2-34所示。

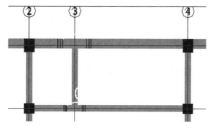

图2-33　画好的首层次梁加筋

图2-34　选择"对齐"按钮

单击1/C交点处柱子的上皮→单击1/C轴KL1的上皮，如图2-35所示。这样KL1和柱子外皮就对齐了。

温馨提示：对齐要先点目标线，再点要对齐的线。即先点击柱边缘，再点击梁边缘。

图2-35　将KL1与柱边缘对齐

用同样的方法将其它与柱子外皮齐的梁进行对齐，对齐后的梁如图2-36所示。

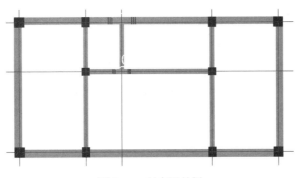

图 2-36　对齐后的梁

（4）延伸梁。这时梁虽然已经偏移到图纸要求的位置，但梁与梁之间并没有相交到中心线，如图 2-37 所示（英文状态下按"Z"取消柱显示）。

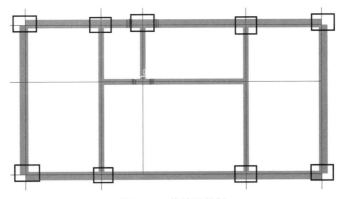

图 2-37　偏移后的梁

要将不相交的梁进行延伸，操作步骤如下。

温馨提示：延伸要先点目标线，再点要延伸的线。

点击"延伸"按钮→单击 C 轴线 KL1→单击竖向 1 轴线 KL2、2 轴线 KL4、4 轴线 KL4、5 轴线 KL2、3 轴线 L1→单击右键结束。

单击 A 轴线 KL3→单击竖向 1 轴线 KL2、2 轴线 KL4、4 轴线 KL4、5 轴线 KL2→单击右键结束。

单击 1 轴线 KL2→单击横向 C 轴线 KL1、A 轴线 KL3→单击右键结束。

单击 5 轴线 KL2→单击横向 C 轴线 KL1、A 轴线 KL3→单击右键结束。

延伸好的梁如图 2-38 所示。

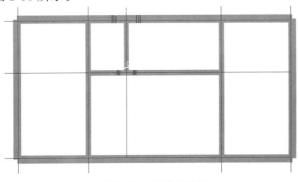

图 2-38　延伸好的梁

2.2.3.3 查看梁软件计算结果

（1）梁混凝土工程量。汇总结束后，单击"查看工程量"按钮→拉框选择所有画好的梁，弹出"查看构件图元工程量对话框"→单击"做法工程量"，首层框架梁工程量软件计算结果如表 2-3 所示。

表 2-3 首层框架梁工程量汇总表

编码	项目名称	单位	工程量
010503002	矩形梁	m³	8.442
子目 1	框架梁体积	m³	8.442
011702006	矩形梁	m²	68.192
子目 1	框架梁模板面积	m²	68.192
子目 2	框架梁超高模板面积	m²	68.192
010503002	矩形梁（L1）	m³	0.2074
子目 1	非框架梁体积	m³	0.2074
011702006	矩形梁（L1）	m²	2.2464
子目 1	非框架梁模板面积	m²	2.2464
子目 2	非框架梁超高模板面积	m²	2.2464

单击"退出"按钮，退出查看构件图元工程量对话框。

（2）梁钢筋工程量。单击"工程量"进入主界面→单击"查看钢筋量"按钮，拉框选择所有画好的梁，弹出"查看钢筋量"对话框，可得到梁的钢筋量，如表 2-4 所示。

表 2-4 首层梁钢筋工程量汇总表

构件名称	构件数量	钢筋总质量/kg	HPB300/kg		HRB400/kg				
			8mm	合计	12mm	18mm	22mm	25mm	合计
KL1	1	671.009	108.402	108.402				562.607	562.607
KL2	2	338.238	46.102	46.102			92.332	199.804	292.136
KL3	1	714.177	100.926	100.926	4.024			609.227	613.251
KL4	2	276.024	25.628	25.628			243.466	6.93	250.396
KL5	1	229.264	25.628	25.628			200.556	3.08	203.636
L1	1	56.202	9.306	9.306		46.896			46.896
合计		2899.176	387.722	387.722	4.024	47.936	872.152	1588.382	2511.454

钢筋总质量/kg：2899.176

单击右上角的"×"按钮，退出查看钢筋量对话框。

温馨提示：如果发现框架梁的计算工程量不一致或错误时，单击"工程量"中的"查看工程量"，可以查看混凝土工程量计算公式。单击"工程量"中的"编辑钢筋"，可以查看钢筋的详细信息。

2.2.4 画首层板

 学习目标

能看懂首层板的平法配筋图，并从图中找出板的种类、厚度、受力筋、板跨板受力筋、负筋等信息，准确定义并编辑首层板的属性，能正确套用板的做法，正确画图并通过软件的汇总计算得出首层板的混凝土、模板及钢筋工程量。

从结施 5（3.55 板平法配筋图）可以看出，首层顶板有 100 厚板四类：LB1、LB2、LB3 与阳台板，其钢筋分布不同，下面来定义这些板。

2.2.4.1　定义板

（1）平板。单击构件导航栏里"板"前面的"➕"使其展开→单击下一级的"现浇板"→单击"新建"下拉菜单→单击"新建现浇板"→在属性列表内修改名称为"LB1-100"→填写 LB1-100 属性做法→单击"钢筋业务属性"前面的"＋"号使其展开→单击下一级的"马凳筋参数图"，如图 2-39 所示。

温馨提示：板名称后面的数字一般代表板的厚度，属性编辑中蓝色字体根据图纸的实际情况填写。

进入"马凳筋设置"界面→单击选择马凳筋图形为"Ⅰ型"→输入马凳筋信息为"$\Phi 8$ @1000×1000"→修改 L_1 的长度为 300，L_2 的长度为 70，L_3 的长度为 100，如图 2-40 所示。

温馨提示：马凳筋相关说明：

① 马凳筋属于措施筋，图纸上一般不会有说明；

② 马凳筋分为Ⅰ型、Ⅱ型、Ⅲ型；

③ 本工程板按山西常规做法：$\Phi 8$@1000×1000，$L_1 = 300$，$L_2 =$ 板厚－2 个保护层 $= 100 - 2 \times 15 = 70$，$L_3 = 100$（现场有施工方案按实际长度输入，无施工方案按 100 计算）；

④ 查看当地施工组织方案，或问问现场。

图 2-39　定义 LB1 的属性

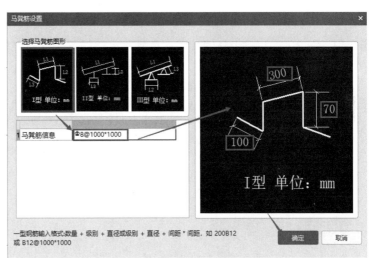

图 2-40　LB1 的马凳筋设置

LB1-100 的构件做法如图 2-41 所示。

	编码	类别	名称	项目特征	单位	工程量表达式	表达式说明
1	⊟ 010505003	项	平板	1.混凝土种类:预拌 2.混凝土强度等级:C25	m3	TJ	TJ<体积>
2	子目1	补	板体积		m3	TJ	TJ<体积>
3	⊟ 011702016	项	平板	普通模板	m2	MBMJ+CMBMJ	MBMJ<底面模板面积>+CMBMJ<侧面模板面积>
4	子目1	补	板模板面积		m2	MBMJ+CMBMJ	MBMJ<底面模板面积>+CMBMJ<侧面模板面积>
5	子目2	补	板超高模板面积		m2	CGMBMJ+CGCMBMJ	CGMBMJ<超高模板面积>+CGCMBMJ<超高侧面模板面积>

图 2-41　LB1-100 的构件做法

温馨提示：在选择板模板面积的表达式时，加号后面的侧模面积需要点击追加，再点击确定，如图 2-42 所示。

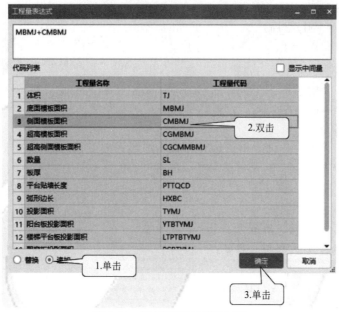

图 2-42　板侧模表达式添加图

单击"LB1-100"，点击"复制"（两次），软件会自动生成 LB1-101、LB1-102。根据结施 5 中 LB2-100、LB3-100 的具体信息修改板的厚度与钢筋信息，其它不变，定义好的 LB2-100、LB3-100 的属性如图 2-43 所示。

（2）阳台板。阳台板的信息可以从结施 8（阳台剖面图）中找到，可以看出，阳台板的厚度为 100mm，建立阳台板 B100 的属性列表，如图 2-44 所示。

	属性名称	属性值	附加
1	名称	LB2-100	☐
2	厚度(mm)	100	☐
3	类别	平板	☐
4	是否是楼板	是	☐
5	混凝土类型	(现浇混凝土　碎石…	☐
6	混凝土强度等级	(C25)	☐
7	混凝土外加剂	(无)	☐
8	泵送类型	(混凝土泵)	☐
9	泵送高度(m)		☐
10	顶标高(m)	层顶标高	☐
11	备注		☐
12	钢筋业务属性		
13	其它钢筋		
14	保护层厚度(…	(15)	☐
15	汇总信息	(现浇板)	☐
16	马凳筋参数图	I型	☐
17	马凳筋信息	Φ8@1000*1000	☐
18	线形马凳筋方	平行横向受力筋	☐

	属性名称	属性值	附加
1	名称	LB3-100	☐
2	厚度(mm)	100	☐
3	类别	平板	☐
4	是否是楼板	是	☐
5	混凝土类型	(现浇混凝土 …	☐
6	混凝土强度等级	(C25)	☐
7	混凝土外加剂	(无)	☐
8	泵送类型	(混凝土泵)	☐
9	泵送高度(m)		☐
10	顶标高(m)	层顶标高	☐
11	备注		☐
12	钢筋业务属性		
13	其它钢筋		
14	保护层厚…	(15)	☐
15	汇总信息	(现浇板)	☐
16	马凳筋参…	I型	☐
17	马凳筋信息	Φ8@1000*1000	☐
18	线形马凳	平行横向受力筋	☐

	属性名称	属性值	附加
1	名称	阳台板B100	
2	厚度(mm)	100	☐
3	类别	平板	☐
4	是否是楼板	是	☐
5	混凝土类型	(现浇混凝土 …	☐
6	混凝土强度等级	(C25)	☐
7	混凝土外加剂	(无)	☐
8	泵送类型	(混凝土泵)	☐
9	泵送高度(m)		☐
10	顶标高(m)	层顶标高	☐
11	备注		☐
12	钢筋业务属性		
13	其它钢筋		
14	保护层厚…	(15)	☐
15	汇总信息	(现浇板)	☐
16	马凳筋参…	I型	☐
17	马凳筋信息	Φ8@1000*1000	☐
18	线形马凳…	平行横向受力筋	☐

图 2-43　定义 LB2、LB3 属性　　　　图 2-44　定义阳台板 B100 的属性

阳台板的构件做法如图 2-45 所示。

温馨提示：阳台板的模板是按照投影面积计算的，所以不再计算侧模面积。

（3）阳台栏板。从结施 8（阳台及楼梯详图）可以看出首层阳台栏板的剖面图，从中可以看出，首层阳台板的底板厚度为 100mm 厚，阳台栏板高度为 900mm。

	编码	类别	名称	项目特征	单位	工程量表达式	表达式说明
1	010505008	项	雨篷、悬挑板、阳台板	1 混凝土种类:预拌 2 混凝土强度等级:C25	m3	TJ	TJ<体积>
2	子目1	补	阳台板体积		m3	TJ	TJ<体积>
3	011702023	项	雨篷、悬挑板、阳台板	普通模板	m2	TYMJ	TYMJ<投影面积>
4	子目1	补	阳台板模板面积		m2	TYMJ	TYMJ<投影面积>

图 2-45　阳台板的构件做法

单击构件导航栏里"其它"前面的"➕"使其展开→单击下一级的"栏板"→单击"新建"下拉菜单→单击"新建矩形栏板"→修改栏板名称为"阳台栏板"→填写好相应数据，如图 2-46 所示。

温馨提示：栏板的水平钢筋（1）6Φ8，表示一排，6 根，直径为 8mm，根数是计算出来的，其计算公式为：（900－50－15）/200（向上取整）＋1＝6 根（50 是起步，15 是保护层）。如图 2-49 所示。

点击"钢筋业务属性"前的"＋"号展开，在"其它钢筋"击"⋯"弹出对话框，如图 2-47 所示进行修改。

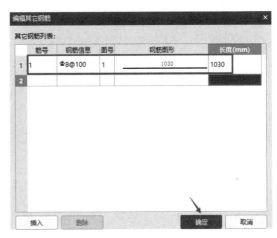

图 2-46　定义阳台栏板的属性　　　　图 2-47　阳台栏板的其它钢筋属性

温馨提示：其它钢筋指的是栏板的垂直钢筋，如图 2-48 所示。其长度也是计算出来的，其计算公式为：970＋30＋30＝1030（mm），如图 2-49 所示。

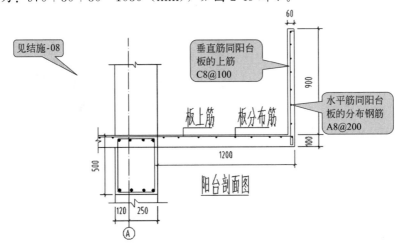

图 2-48　栏板的垂直钢筋和水平钢筋分布图

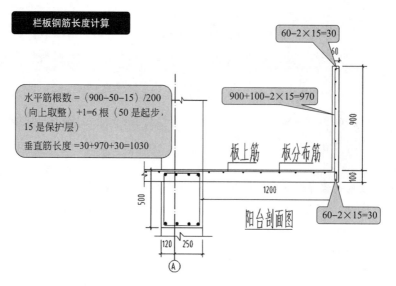

图 2-49　栏板的垂直钢筋计算图

阳台栏板的构件做法如图 2-50 所示。

	编码	类别	名称	项目特征	单位	工程量表达式	表达式说明
1	□ 010505006	项	栏板（阳台）	1.混凝土种类:预拌 2.混凝土强度等级:C25	m3	TJ	TJ<体积>
2	子目1	补	阳台栏板体积		m3	TJ	TJ<体积>
3	□ 011702021	项	栏板（阳台）	普通模板	m2	MBMJ	MBMJ<模板面积>
4	子目1	补	阳台栏板模板面积		m2	MBMJ	MBMJ<模板面积>

图 2-50　阳台栏板的构件做法

2.2.4.2　画板

（1）画梁内板。单击"建模"按钮进入到绘图界面→在画现浇板的状态下，选中"LB1-100"名称→单击"点"按钮→单击 1～2/A～C 区域内任意一点，如图 2-51 所示，这样 1～2/A～C 区域的板就布置完毕。

用同样的方法布置其它位置 LB2-100 与 LB3-100 的板，绘制好的板如图 2-52 所示。

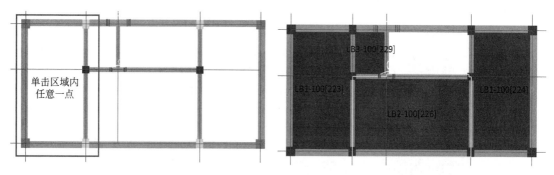

图 2-51　画 LB1　　　　　　　图 2-52　画好的首层板

拉框选中所有的板→单击"板延伸至墙梁边"，如图 2-53 所示。

（2）画阳台板。从建施 2 和结施 8 可以看出，阳台板在 A 轴下 2～4 轴之间，阳台边都不在轴线上，如图 2-54 所示。

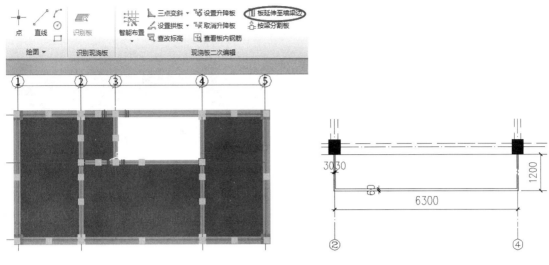

图 2-53　将板延伸至墙梁边　　　　　图 2-54　阳台板图纸

需要在阳台的边线打 3 条辅助轴线，操作步骤如下。

单击"轴线"前面的"➕"使其展开→单击"辅助轴线"→单击两点辅轴按钮下的"平行辅轴"→单击 2 轴线，弹出"请输入"对话框→填写偏移值"－30"→单击确定→单击 4 轴线，弹出"请输入"对话框→填写偏移值 30→单击"确定"→单击 A 轴线，弹出"请输入"对话框→填写偏移值"－1450"（1200mm＋250mm）→单击"确定"，这样 3 条轴线就做好了。

这时虽然轴线都作好了，但都没有相交，要延伸轴线使其相交，操作步骤如下。

单击"延伸"按钮，单击 A 轴线下面的辅轴作为目标线→单击 2 轴线左边的辅轴→单击 4 轴线右边的辅轴→单击右键结束，做好的辅助轴线如图 2-55 所示。

温馨提示：1 号交点是 A 轴和 2 轴左辅轴的交点，2 号交点是 A 轴和 4 轴右辅轴的交点。

在画现浇板状态下，选中"阳台板 B100"名称→单击"矩形"按钮→单击 1 号交点→单击 2 号交点→单击右键结束，画好的阳台板如图 2-56 所示。

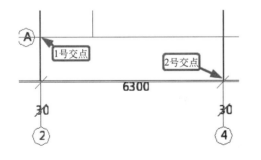

图 2-55　辅助轴线

图 2-56　画好的阳台板

（3）画阳台栏板。要画阳台栏板首先要找阳台栏板的中心线，从建施 2 可以看出，阳台的左右栏中心线就是 2 轴和 4 轴上，阳台前栏板的中心线距离 A 轴距离为 1420mm（1200＋250－30），需要打一条距离 A 轴为 1420mm 的辅助轴线，然后延伸 2、4 轴线与其相交。

打好的辅助轴线如图 2-57 所示。

在画栏板的状态下，选中"阳台栏板"名称，单击"直线"按钮→单击 A 轴与 2 轴交点→单击辅轴与 2 轴交点→单击辅轴与 4 轴交点→单击 A 轴与 4 轴交点→单击右键结束，这样阳台栏板就画好了，如图 2-58 所示。

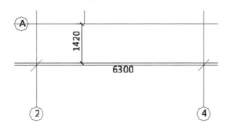

图 2-57　辅助轴线

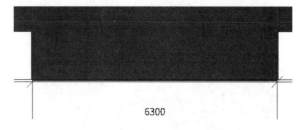

图 2-58　画好的阳台栏板

画完阳台栏板后，删除不用的辅助轴线使界面更清晰。另外 2、4 轴线延伸的轴线也可以恢复回去，操作步骤如下：

单击屏幕上方的恢复轴线→单击 2 轴线延伸出来的轴线→单击 4 轴线延伸出来的轴线，延伸出来的轴线会恢复到初始状态。

2.2.4.3　计算设置调整

单击"工程设置"进入主界面→单击"钢筋设置"中的"计算设置"进入界面→单击"板"→修改第 3 行"分布钢筋配置"为 A8@200（根据图纸设计总说明）→修改第 7 行"分布钢筋根数计算方式"为"向上取整＋1"，如图 2-59 所示。

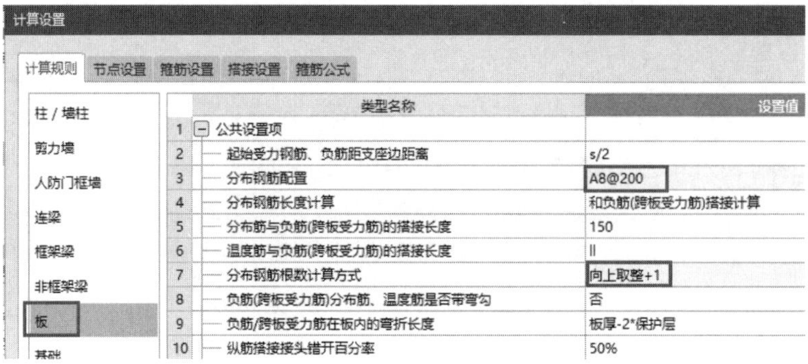

图 2-59　计算设置调整

2.2.4.4　钢筋布置

（1）受力筋。单击"板"前面的" "使其展开→单击下一级的"板受力筋"→单击"新建"，新建"板受力筋"→在属性列表内修改名称为"D-C12@150（D 表示底筋）"→修改钢筋信息为"Φ12@150"，如图 2-60 所示。

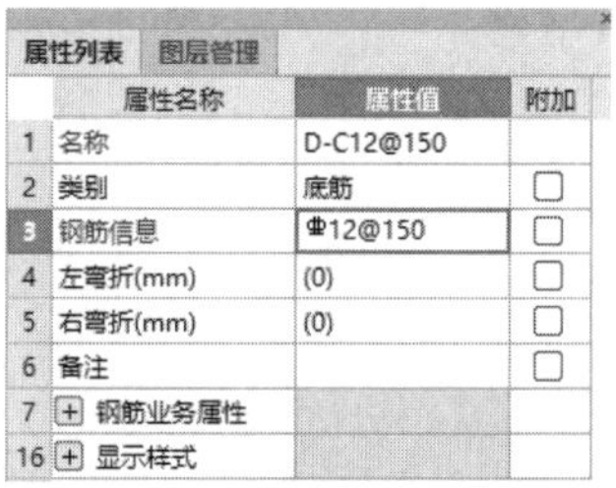

用复制的方法建立"D-C10@200""D-C8@150"，根据图纸结施 5 中的钢筋信息进行修改，定义好的 D-C10@200、D-C8@150 属性如图 2-61 所示。

单击"新建"，新建"板受力筋"→在"属性列表"内修改名称为"M-C8@150"（M 表示面筋）→修改"类型"为"面筋"→修改钢筋信息为"Φ8@150"，如图 2-62 所示。

图 2-60　定义 D-C12@150 的属性

单击"建模"按钮进入绘图界面→单击"布置受力筋"→单击选择"单板"→单击选择"XY 方向"进入"智能布置"对话框→选择"底筋"X 方向为"D-C12@150"，Y 方向为"D-C10@200"，如图 2-63 所示。

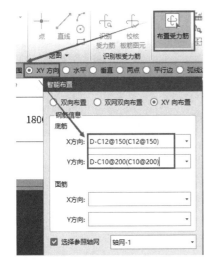

图 2-61　定义 D-C10@200、D-C8@150 的属性

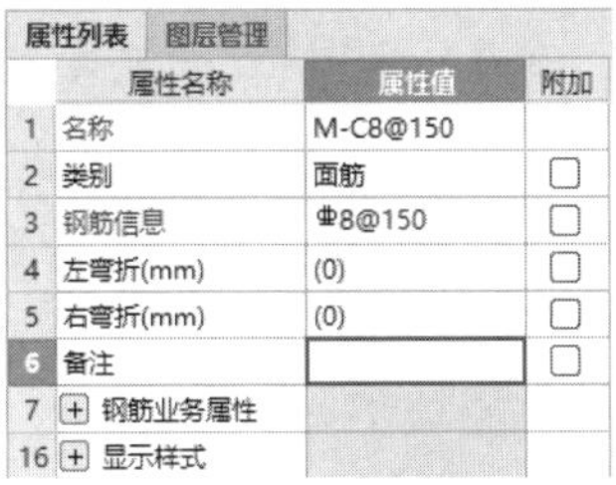

图 2-62　定义 M-C8@150 的属性

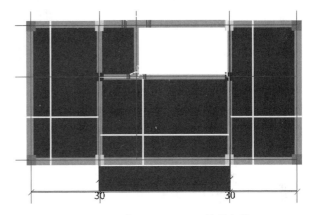

图 2-63　设置板的受力筋

图 2-64　布置 LB1、LB2 的受力筋

在"现浇板"的状态下→单击 1~2/A~C 区域内任意一点，这样 1~2/A~C 区域板的受力筋就布置完毕，用此方法布置所有的 LB1 与 LB2，如图 2-64 所示。

用此方法布置 LB3，进入"智能布置"对话框→选择"底筋"X 方向为"D-C8@150"，Y 方向为"D-C8@150"→选择"面筋"X 方向为"M-C8@150"，Y 方向为"M-C8@150"，如图 2-65 所示。单击 LB3 即可布置受力筋，如图 2-66 所示。

图 2-65　设置 LB3 的受力筋

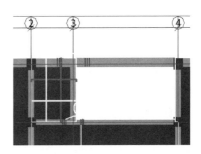

图 2-66　布置 LB3 的受力筋

（2）跨板受力筋。单击"板"前面的"➕"使其展开→单击下一级的"跨板受力筋"→单击"新建"下拉菜单→单击"新建跨板受力筋"→在属性列表内修改名称为"3-C8@100"→修改钢筋信息为"C8@100"→修改"左标注"为"0"，"右标注"为"1200"，如图 2-67 所示。

温馨提示：马凳筋排数图纸上不标注，和左右标注长度有关系，每 1m1 排，≤1000mm，是 1 排；1000～2000mm 是 2 排以此类推。

单击"建模"按钮进入绘图界面→单击"布置受力筋"→单击选择"垂直"→在"现浇板"的状态下，单击"阳台板"区域内任意一点，这样的阳台板的跨板受力筋就布置完毕，如图 2-68 所示。

图 2-67　定义 3-C8@100 的属性

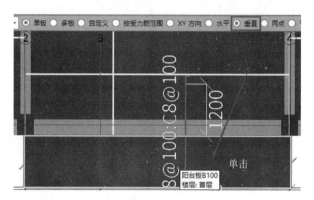

图 2-68　布置阳台板的跨板受力筋

（3）负筋。根据结施 5 定义板负筋，单击"板"前面的"➕"使其展开→单击下一级的"板负筋"→单击"新建"下拉菜单→单击"新建板负筋"→在属性列表内修改名称为"①C8@150"→修改"钢筋信息"为"C8@150"→修改"左标注"为"0"，"右标注"为"800"，如图 2-69 所示。

用复制的方法建立"②C8@150"，根据图纸结施 5 中的钢筋信息进行修改，定义好的②C8@150 属性如图 2-70 所示。

图 2-69　定义①C8@150 的属性　　　　　图 2-70　定义②C8@150 的属性

在画"板负筋"的状态下，选中"①C8@150"名称→单击"按板边布置"按钮→单击1～2/C 轴的板边缘，即可布置板负筋，如图 2-71 所示。

其余按照此方法布置即可，2～4/B 轴的板边缘不为一条直线，则利用"画线布置"→单击 2/B 轴交点→单击 4/B 轴交点→单击直线即可布置，如图 2-72 所示。

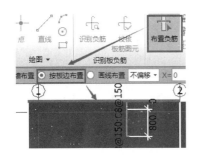

图 2-71　按板边缘布置板负筋

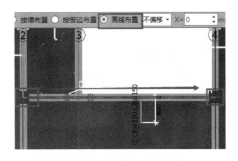

图 2-72　画线布置板负筋

布置完成后的板负筋，如图 2-73 所示。

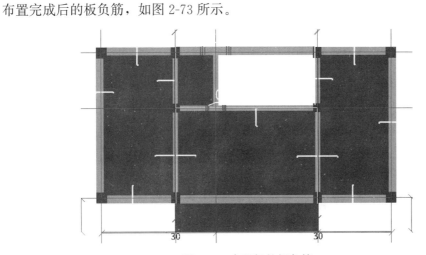

图 2-73　布置好的板负筋

2.2.4.5　查看板软件计算结果

（1）板混凝土工程量。汇总结束后，在画现浇板的状态下，单击"查看工程量"→拉框选择所有画好的板，单击"查看构件图元工程量"对话框→单击"做法工程量"，首层板工程量如表 2-5 所示。

表 2-5　首层板工程量汇总表

编码	项目名称	单位	工程量
010202003	平板	m³	6.2638
子目 1	板体积	m³	7.8269
011702016	平板	m²	65.7508
子目 1	板模板面积	m²	65.7508
子目 2	板超高模板面积	m²	65.7508
010505008	雨篷、悬挑板、阳台板	m³	0.7632
子目 1	阳台板体积	m³	0.7632
011702023	雨篷、悬挑板、阳台板	m²	7.632
子目 1	阳台板模板面积	m²	7.632

单击"退出"按钮，退出查看构件图元工程量对话框。

（2）板马凳筋工程量。在画现浇板的状态下，单击"工程量"进入主界面→单击"查看钢筋量"按钮，拉框选择所有现浇板，弹出"查看钢筋量"对话框，可得到首层现浇板的钢筋量（马凳筋），如表2-6所示。

表2-6　首层板钢筋量（马凳筋）汇总表

构件名称	构件数量	钢筋总质量/kg	HRB400/kg	
			8mm	合计
LB1-100	2	5.819	5.819	5.819
LB2-100	1	7.084	7.084	7.084
LB3-100	1	1.265	1.265	1.265
阳台板 B100	1	2.277	2.277	2.277
合计		22.264	22.264	22.264

钢筋总质量/kg：22.264

单击右上角的"×"按钮，退出查看钢筋量对话框。

（3）板受力筋工程量。在画板受力筋的状态下，单击"工程量"进入主界面→单击"查看钢筋量"按钮，拉框选择所有板受力筋，弹出"查看钢筋量对话框"，可得到首层板受力筋的工程量，如表2-7所示。

表2-7　首层板受力筋工程量汇总表

构件名称	构件数量	钢筋总质量/kg	HPB300/kg		HRB400/kg			
			8mm	合计	8mm	10mm	12mm	合计
DC12@150	2	122.508					122.508	122.508
DC12@150	1	139.85					139.85	139.85
DC10@200	2	63.472				63.472		63.472
DC10@200	1	75.826				75.826		75.826
DC8@150	1	10.665			10.665			10.665
DC8@150	1	10.714			10.714			10.714
MC8@150	1	13.275			13.275			13.275
MC8@150	1	12.254			12.254			12.254
3-C8@100	1	92.902	26.214	26.214	66.688			66.688
合计		727.446	26.214	26.214	113.596	202.77	384.66	701.232

钢筋总质量/kg：727.446

（4）板负筋工程量。单击右上角的"×"按钮，退出查看钢筋量对话框。首层板负筋的工程量，如表2-8所示。

表 2-8　首层板负筋工程量汇总表

构件名称	构件数量	钢筋总质量 /kg	HPB300/kg		HRB400/kg	
			8mm	合计	8mm	合计
①C8@150	2	11.601	3.264	3.264	8.337	8.337
①C8@150	2	24.381	8.104	8.104	16.277	16.277
①C8@150	2	11.441	3.104	3.104	8.337	8.337
①C8@150	1	25.255	7.584	7.584	17.671	17.671
①C8@150	1	8.985	2.52	2.52	6.465	6.465
①C8@150	1	9.604	2.708	2.708	6.896	6.896
②C8@150	2	30.445	10.825	10.825	19.62	19.62
合计		199.58	63.406	63.406	136.174	136.174

钢筋总质量/kg：199.58

2.2.4.6　阳台栏板软件计算结果

（1）阳台栏板混凝土工程量。汇总结束后，在画栏板的状态下，单击"选择"按钮→单击"批量选择"按钮，弹出"批量选择构件图元"对话框→勾选"阳台栏板"→单击"确定"→单击"查看工程量"按钮→单击"做法工程量"，首层阳台栏板工程量如表 2-9 所示。

表 2-9　首层阳台栏板工程量汇总表

编码	项目名称	单位	工程量
010505006	栏板（阳台）	m³	0.4666
子目 1	阳台栏板体积	m³	0.4666
011702021	栏板（阳台）	m²	15.66
子目 1	阳台栏板模板面积	m²	15.66

单击"退出"按钮，退出查看构件图元工程量对话框。

（2）阳台栏板钢筋工程量。在画阳台栏板的状态下，单击工程量进入主界面→单击查看钢筋量按钮，拉框选择所有阳台栏板，弹出查看钢筋量对话框，可得到首层阳台栏板的钢筋量，如表 2-10 所示。

表 2-10　首层阳台栏板钢筋量汇总量

构件名称	构件数量	钢筋总质量 /kg	HPB300/kg		HRB400/kg	
			8mm	合计	8mm	合计
阳台栏板	1	41.048	15	15	26.048	26.048
阳台栏板	2	8.255	2.964	2.964	5.291	5.291

续表

构件名称	构件数量	钢筋总质量/kg	HPB300/kg		HRB400/kg	
			8mm	合计	8mm	合计
合计		57.558	20.928	20.928	36.63	36.63

钢筋总质量/kg: 57.558

单击右上角的"×"按钮,退出查看钢筋量对话框。

2.3　首层二次结构工程量计算

2.3.1　画首层墙

 学习目标

能看懂首层墙的布置图,并从中找出墙体的厚度、砌体通长筋等信息,准确定义并编辑首层墙的属性,能正确套用墙的做法,正确画图并通过软件的汇总计算得出首层墙及钢筋工程量。

从建施 1 中可以看出外墙厚 370mm,内墙厚 240mm。根据结构设计总说明,本工程的墙体加筋为:砖墙与框架柱及构造柱连接处应设连结筋,必须每隔 500mm 高度配 2 根 A6 拉接筋,并伸进墙内 1000mm,伸入柱内 180mm。

2.3.1.1　定义直形墙

单击"墙"前面的"➕"将其展开→单击下一级"砌体墙"→单击"新建"下拉菜单→单击"新建外墙",修改墙的名称、厚度、砌体通长筋等信息,如图 2-74 所示。

按照前面介绍的方法建立砖墙的构件做法,建立好的砖墙 370 的构件做法如图 2-75 所示。

属性列表　图层管理

	属性名称	属性值	附加
1	名称	砖墙370	
2	厚度(mm)	370	☐
3	轴线距左墙皮距离...	(185)	☐
4	砌体通长筋	2中6@500	☐
5	横向短筋		☐
6	材质	机红砖	☐
7	砂浆类型	(混合砂浆)	☐
8	砂浆标号	(M5)	☐
9	内/外墙标志	外墙	☑
10	类别	砌体墙	
11	起点顶标高(m)	层顶标高	☐
12	终点顶标高(m)	层顶标高	☐
13	起点底标高(m)	层底标高	☐
14	终点底标高(m)	层底标高	☐
15	备注		☐

图 2-74　定义砖墙 370 的属性

	编码	类别	名称	项目特征	单位	工程量表达式	表达式说明
1	⊟ 010401003	项	实心砖墙(外墙370)	1.砖品种、规格、强度等级:标准砖370 2.墙体类型:外墙 3.砂浆强度等级、配合比:水泥砂浆M5.0	m3	TJ	TJ<体积>
2	└ 子目1	补	砖墙370体积		m3	TJ	TJ<体积>

图 2-75　砖墙 370 的构件做法

用同样的方法定义内墙砖墙 240，建立好的内墙属性和做法如图 2-76 所示。

	属性名称	属性值	附加
1	名称	砖墙240	
2	厚度(mm)	240	☐
3	轴线距左墙皮...	(120)	☐
4	砌体通长筋	2Φ6@500	☐
5	横向短筋		☐
6	材质	机红砖	☐
7	砂浆类型	(混合砂浆)	☐
8	砂浆标号	(M5)	☐
9	内/外墙标志	内墙	☑
10	类别	砌体墙	☐
11	起点顶标高(m)	层顶标高	☐
12	终点顶标高(m)	层顶标高	☐
13	起点底标高(m)	层底标高	☐
14	终点底标高(m)	层底标高	☐
15	备注		☐

	编码	类别	名称	项目特征	单位	工程量表达式	表达式说明
1	☐ 010401003	项	实心砖墙 (内墙240)	1.砖品种、规格、强度等级:标准砖240 2.墙体类型:内墙 3.砂浆强度等级、配合比:水泥砂浆M5.0	m3	TJ	TJ<体积>
2	子目1	补	砖墙240体积		m3	TJ	TJ<体积>

图 2-76　砖墙 240 的属性及做法

2.3.1.2　画墙

（1）先把墙画到轴线上。墙属于线型构件，第一步先把墙画到轴线上，操作步骤如下：

单击建模按钮进入到绘图界面，按照建施 1 首层平面图，按先后顺序来画首层墙。

选中"砖墙 370"，按照顺时针方向用直线来画，单击 1/C 交点→单击 5/C 交点→单击 5/A 交点→单击 1/A 交点→单击 1/C 交点→单击右键结束。

选中"砖墙 240"名称，单击 2/A 点→单击 2/C 交点→单击右键结束。

单击 4/A 交点→单击 4/C 交点→单击右键结束。

单击 3/B 交点→单击 3/C 交点→单击右键结束。

单击 2/B 交点→单击 4/B 交点→单击右键结束。

画好的首层墙如图 2-77 所示。

在英文状态下按"Shift＋Q"给图界面会显示墙的名称，便于检查墙画的是否正确。

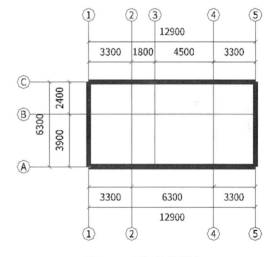

图 2-77　画好的首层墙

（2）偏移墙。墙已经画到轴线上，但与图纸不相符，要按照图纸要求与柱子外皮对齐，操作步骤如下。在英文状态下按"Z"将柱子显示出来，单击"对齐"按钮→选择"单对齐"→单击 1/C 交点处柱子的上皮→单击 C 轴砖墙 370 的上皮，这样砖墙 370 和柱子外皮就对齐了。

用同样的方法将其它与柱子外皮齐的墙进行单对齐，对齐后的墙体如图 2-78 所示。

（3）延伸墙。这时墙虽然已经偏移到图纸要求的位置，但墙与墙之间并没有相交到中心线，要将不相交的墙进行延伸，操作步骤同延伸梁方法一致，延伸好的墙如图 2-79 所示。

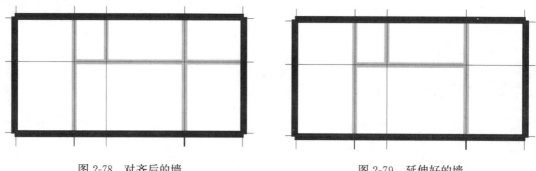

图 2-78 对齐后的墙　　　　　　　　　　　　图 2-79 延伸好的墙

2.3.1.3 计算设置调整

单击"工程设置"进入主界面→单击"钢筋设置"中的"计算设置"进入界面→单击"砌体结构"→修改第 15 行"填充墙构造柱做法"为"上下部均采用植筋"→修改第 30 行"填充墙圈梁端部纵筋弯折长度"为"采用植筋"→修改第 48 行"填充墙过梁端部链接构造"为"采用植筋",如图 2-80 所示。

计算设置		
计算规则　节点设置　箍筋设置　搭接设置　箍筋公式		
	类型名称	
柱/墙柱	15　填充墙构造柱做法	上下部均采用植筋
剪力墙	16　使用预埋件时构造柱端部纵筋弯折长度	10*d
人防门框墙	17　植筋锚固深度	10*d
连梁	18　圈梁	
框架梁	19　圈梁拉筋配置	按规范计算
	20　圈梁L形相交斜加筋弯折长度	250
非框架梁	21　圈梁箍筋距构造柱边缘的距离	50
板	22　圈梁纵筋搭接接头错开百分率	50%
基础	23　圈梁箍筋弯勾角度	135°
	24　L形相交时圈梁中部钢筋是否连续通过	是
基础主梁/承台梁	25　圈梁侧面纵筋的锚固长度	15*d
基础次梁	26　圈梁侧面钢筋遇洞口时弯折长度	15*d
砌体结构	27　圈梁箍筋根数计算方式	向上取整+1
其它	28　圈梁靠近构造柱的加密范围	0
	29　圈梁箍筋的加密间距	100
	30　填充墙圈梁端部连接构造	采用植筋
	31　使用预埋件时圈梁端部纵筋弯折长度	10*d
	32　植筋锚固深度	10*d
	33　预留钢筋锚固深度	30*d
	34　砌体加筋	
	43　过梁	
	44　过梁箍筋根数计算方式	向上取整+1
	45　过梁纵筋与侧面钢筋的距离在数值范围内不计算	s/2
	46　过梁箍筋/拉筋弯勾角度	135°
	47　过梁箍筋距构造柱边缘的距离	50
	48　填充墙过梁端部连接构造	采用植筋

图 2-80 砌体结构的计算设置调整

温馨提示：因为下一步还要画构造柱、过梁，所以要调整计算设置。

2.3.1.4 查看墙软件汇总结果

（1）墙土建工程量。汇总结束后,单击"查看工程量"按钮→拉框选择所有画好的墙,弹出"查看构件图元工程量"对话框→单击"查看做法工程量"。首层墙工程量软件计算结果如表 2-11 所示。

表 2-11　首层墙工程量汇总表

编码	项目名称	单位	工程量
010401003	实心砖墙（外墙 370）	m³	39.3762
子目 1	砖墙 370 体积	m³	39.3762
010401003	实心砖墙（内墙 240）	m³	14.0837
子目 1	砖墙 240 体积	m³	14.0837

单击"退出"按钮，退出查看构件图元工程量对话框。

（2）墙钢筋工程量。单击"查看钢筋量"按钮，拉框选择所有画好的墙，弹出"查看钢筋量"对话框，可得到墙的钢筋量，如表 2-12 所示。

表 2-12　首层墙钢筋工程量汇总表

构件名称	构件数量	钢筋总质量 /kg	HPB300/kg	
			6mm	合计
砖墙 370	2	23.282	23.282	23.282
砖墙 370	2	48.734	48.734	48.734
砖墙 240	2	23.996	23.996	23.996
砖墙 240	1	23.646	23.646	23.646
砖墙 240	1	9.24	9.24	9.24
合计		224.91	224.91	224.91
钢筋总质量/kg：224.91				

单击右上角的"×"按钮，退出查看钢筋量对话框。

2.3.2　画首层门

学习目标

熟悉建筑设计总说明中的门窗表及首层平面图，准确定义并编辑首层门的属性，能正确套用门的做法，正确画图并通过软件的汇总计算得出首层门的工程量。

从建施 1（首层平面图）可以看出，门有 M-1、M-2、M-3，按照设计总说明里门窗表来定义。

2.3.2.1　定义门

单击"门窗洞"前面的"➕"使其展开→单击下一级的"门"→单击新建下拉菜单→单击"新建矩形门"→填写门的属性和做法如图 2-81 所示。

	属性名称	属性值	附加
1	名称	M-1	
2	洞口宽度(mm)	3900	
3	洞口高度(mm)	2100	
4	离地高度(mm)	0	
5	框厚(mm)	0	
6	立樘距离(mm)	0	
7	洞口面积(m²)	8.19	
8	框外围面积(m²)	(8.19)	
9	框上下扣尺寸(mm)	0	
10	框左右扣尺寸(mm)	0	
11	是否随墙变斜	否	
12	备注		

	编码	类别	名称	项目特征	单位	工程量表达式	表达式说明
1	⊟ 010802001	项	金属（塑钢）门	铝合金双扇推拉门	m2	DKMJ	DKMJ〈洞口面积〉
2	子目1	补	铝合金双扇推拉门		m2	DKMJ	DKMJ〈洞口面积〉

图 2-81　M-1 的属性和做法

用同样的方法建立 M-2 的属性和做法，如图 2-82 所示。

	属性名称	属性值	附加
1	名称	M-2	☐
2	洞口宽度(mm)	900	☐
3	洞口高度(mm)	2400	☐
4	离地高度(mm)	0	☐
5	框厚(mm)	0	☐
6	立樘距离(mm)	0	☐
7	洞口面积(m²)	2.16	☐
8	框外围面积(m²)	(2.16)	☐
9	框上下扣尺寸(...	0	☐
10	框左右扣尺寸(...	0	☐
11	是否随墙变斜	否	☐
12	备注		☐

	编码	类别	名称	项目特征	单位	工程量表达式	表达式说明
1	─ 010801001	项	木质门	装饰木门	m2	DKMJ	DKMJ<洞口面积>
2	└ 子目1	补	装饰木门		m2	DKMJ	DKMJ<洞口面积>

图 2-82　M-2 的属性和做法

M-3 的属性和做法，如图 2-83 所示。

	属性名称	属性值	附加
1	名称	M-3	☐
2	洞口宽度(mm)	900	☐
3	洞口高度(mm)	2100	☐
4	离地高度(mm)	0	☐
5	框厚(mm)	0	☐
6	立樘距离(mm)	0	☐
7	洞口面积(m²)	1.89	☐
8	框外围面积(m²)	(1.89)	☐
9	框上下扣尺寸(...	0	☐
10	框左右扣尺寸(...	0	☐
11	是否随墙变斜	否	☐
12	备注		☐

	编码	类别	名称	项目特征	单位	工程量表达式	表达式说明
1	─ 010801001	项	木质门	装饰木门	m2	DKMJ	DKMJ<洞口面积>
2	└ 子目1	补	装饰木门		m2	DKMJ	DKMJ<洞口面积>

图 2-83　M-3 的属性和做法

2.3.2.2　画门

在画门的状态下，单击"建模"按钮进入绘图界面→选中"M-1"名称→单击"精确布置"按钮→选中 A 轴线的墙→单击 2/A 交点→按照建施 1 要求填写值"1200"，如图 2-84 所示。

回车，门 M-1 就布置上了。

温馨提示：当点击 2/A 交点，会出现一个箭头，如果箭头与门的方向一致，所填的门到轴线之间的距离就为正，如果箭头与门的方向相反，所填的门到轴线之间的距离就为负。

用同样方法将门 M-2、门 M-3 画上，画好的门洞如图 2-85 所示。

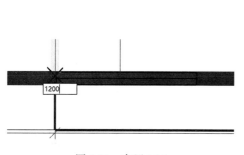

图 2-84　布置 M-1

图 2-85　画好的门洞

2.3.2.3 查看门软件汇总结果

汇总结束后，单击"查看工程量"按钮→拉框选择所有画好的门，弹出"构件图元工程量"对话框→单击"查看做法工程量"。首层门工程量软件计算结果如表2-13所示。

表2-13 首层门工程量汇总表

编码	项目名称	单位	工程量
010802001	金属（塑钢）门	m²	8.19
子目1	铝合金双扇推拉门	m²	8.19
010801001	木质门	m²	8.1
子目1	装饰木门	m²	8.1

单击"退出"按钮，退出查看构件图元工程量对话框。

2.3.3 画首层窗

学习目标

熟悉建筑设计总说明中的门窗表及首层平面图，准确定义并编辑首层窗的属性，能正确套用窗的做法，正确画图并通过软件的汇总计算得出首层窗的工程量。

从建施1（首层平面图）可以看出，窗有C-1、C-2，按照设计总说明里门窗表来定义。

2.3.3.1 定义窗

单击"门窗洞"前面的"➕"使其展开→单击下一级的"窗"→单击"新建"下拉菜单→单击"新建矩形窗"→填写窗的属性和做法如图2-86所示。

	属性名称	属性值	附加
1	名称	C-1	
2	顶标高(m)	层底标高+2.75	☐
3	洞口宽度(mm)	1500	☐
4	洞口高度(mm)	1800	☐
5	离地高度(mm)	950	☐
6	框厚(mm)	0	☐
7	立樘距离(mm)	0	☐
8	洞口面积(m²)	2.7	☐
9	框外围面积(m²)	(2.7)	☐
10	框上下扣尺寸(mm)	0	☐
11	框左右扣尺寸(mm)	0	☐
12	是否随墙变斜	是	☐
13	备注		☐

	编码	类别	名称	项目特征	单位	工程量表达式	表达式说明
1	− 010807001	项	金属（塑钢、断桥）窗	塑钢推拉窗	m2	DKMJ	DKMJ〈洞口面积〉
2	子目1	补	塑钢推拉窗		m2	DKMJ	DKMJ〈洞口面积〉
3	− 010809004	项	石材窗台板	大理石窗台板	m2	DKKD*0.18	DKKD〈洞口宽度〉*0.18
4	子目1	补	大理石窗台板		m2	DKKD*0.18	DKKD〈洞口宽度〉*0.18

图2-86 C-1的属性和做法

温馨提示： 窗台板做法见设计总说明。窗离地高度按照离结构标高计算，建筑设计总说明中的离地高度是距离装修好的地面，因此，窗离结构标高的距离是（900+50）mm。

用同样的方法建立C-2的属性和做法，如图2-87所示。

C-3的属性和做法，如图2-88所示。

	属性列表		
	属性名称	属性值	附加
1	名称	C-2	
2	顶标高(m)	层底标高+2.75	☐
3	洞口宽度(mm)	1800	☐
4	洞口高度(mm)	1800	☐
5	离地高度(mm)	950	☐
6	框厚(mm)	0	☐
7	立樘距离	0	☐
8	洞口面积(m²)	3.24	☐
9	框外围面积(m²)	(3.24)	☐
10	框上下扣尺寸(...	0	☐
11	框左右扣尺寸(...	0	☐
12	是否随墙变斜	是	☐

	编码	类别	名称	项目特征	单位	工程量表达式	表达式说明
1	⊟ 010807001	项	金属（塑钢、断桥）窗	塑钢推拉窗	m2	DKMJ	DKMJ<洞口面积>
2	子目1	补	塑钢推拉窗		m2	DKMJ	DKMJ<洞口面积>

图 2-87 C-2 的属性和做法

	属性列表		
	属性名称	属性值	附加
1	名称	C-3	
2	顶标高(m)	层底标高+2.35	☐
3	洞口宽度(mm)	700	☐
4	洞口高度(mm)	1400	☐
5	离地高度(mm)	950	☐
6	框厚(mm)	0	☐
7	立樘距离	0	☐
8	洞口面积(m²)	0.98	☐
9	框外围面积(m²)	(0.98)	☐
10	框上下扣尺寸(...	0	☐
11	框左右扣尺寸(...	0	☐
12	是否随墙变斜	是	☐

	编码	类别	名称	项目特征	单位	工程量表达式	表达式说明
1	⊟ 010807001	项	金属（塑钢、断桥）窗	塑钢推拉窗	m2	DKMJ	DKMJ<洞口面积>
2	子目1	补	塑钢推拉窗		m2	DKMJ	DKMJ<洞口面积>

图 2-88 C-3 的属性和做法

2.3.3.2 画窗

画窗的方法和门相同，这里就不一一介绍了，画好的窗如图 2-89 所示。

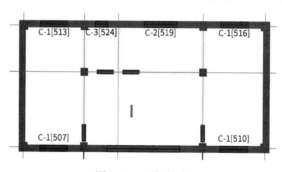

图 2-89 画好的窗

2.3.3.3 查看窗软件汇总结果

汇总结束后，单击"查看工程量"按钮→拉框选择所有画好的窗，弹出"查看构件图元工程量"对话框→单击"查看做法工程量"。首层窗工程量软件计算结果如表 2-14 所示。

表 2-14 首层窗工程量汇总表

编码	项目名称	单位	工程量
010807001	金属（塑钢、断桥）窗	m²	15.02
子目1	塑钢推拉窗	m²	15.02
010809004	石材窗台板	m²	1.08
子目1	大理石窗台板	m²	1.08

单击"退出"按钮，退出查看构件图元工程量对话框。

2.3.4　画首层构造柱

🎯 **学习目标**

　　能看懂构造柱的平法配筋图，并从中找出构造柱的截面宽度、高度、纵筋、箍筋等信息，准确定义并编辑构造柱的属性，能正确套用构造柱的做法，正确画图并通过软件的汇总计算得出首层构造柱的混凝土、模板及钢筋工程量。

　　从结总 1（总说明）可以看出构造柱的要求和截面的信息，在墙端部、拐角、纵横墙交接处、十字相交处以及墙长超过 4m 均加构造柱，这就要求根据具体图纸灵活的布置。从建施 1（首层平面图）可以看出，1、5 轴线墙中部需要加 370×370 的构造柱，3/C 轴需要加 240×370 的构造柱、3/B 轴交接处需要加 240×240 的构造柱。按照结构总说明的要求来定义。

2.3.4.1　定义构造柱

　　单击"柱"前面的"■"使其展开→单击下一级的"构造柱"→单击"新建"下拉菜单→单击"新建矩形构造柱"→修改构造柱名称为"GZ1-240"→填写构造柱的属性和做法如图 2-90 所示。

属性列表

	属性名称	属性值	附加
1	名称	GZ1-240	
2	类别	构造柱	☐
3	截面宽度(B边)(...	240	☐
4	截面高度(H边)(...	240	☐
5	马牙槎设置	带马牙槎	☐
6	马牙槎宽度(mm)	60	☐
7	全部纵筋	4Φ12	☐
8	角筋		☐
9	B边一侧中部筋		☐
10	H边一侧中部筋		☐
11	箍筋	Φ6@200(2*2)	☐
12	箍筋胶数	2*2	
13	材质	现浇混凝土	☐

	编码	类别	名称	项目特征	单位	工程量表达式	表达式说明
1	⊟ 010502002	项	构造柱	1.混凝土种类:预拌 2.混凝土强度等级:C20	m3	TJ	TJ<体积>
2	子目1	补	构造柱体积		m3	TJ	TJ<体积>
3	⊟ 011702003	项	构造柱	普通模板	m2	MBMJ	MBMJ<模板面积>
4	子目1	补	构造柱模板面积		m2	MBMJ	MBMJ<模板面积>

图 2-90　GZ1-240 的属性和做法

用"复制"的方法建立 GZ1-370、GZ1-240×370、GZ2，其属性如图 2-91 所示。

属性列表

	属性名称	属性值	附加
1	名称	GZ1-370	
2	类别	构造柱	☐
3	截面宽度(B边)(...	370	☐
4	截面高度(H边)(...	370	☐
5	马牙槎设置	带马牙槎	☐
6	马牙槎宽度(mm)	60	☐
7	全部纵筋	4Φ12	☐
8	角筋		☐
9	B边一侧中部筋		☐
10	H边一侧中部筋		☐
11	箍筋	Φ6@200(2*2)	☐
12	箍筋胶数	2*2	
13	材质	现浇混凝土	☐

属性列表

	属性名称	属性值	附加
1	名称	GZ1-240*370	
2	类别	构造柱	☐
3	截面宽度(B边)(...	240	☐
4	截面高度(H边)(...	370	☐
5	马牙槎设置	带马牙槎	☐
6	马牙槎宽度(mm)	60	☐
7	全部纵筋	4Φ12	☐
8	角筋		☐
9	B边一侧中部筋		☐
10	H边一侧中部筋		☐
11	箍筋	Φ6@200(2*2)	☐
12	箍筋胶数	2*2	
13	材质	现浇混凝土	☐

属性列表

	属性名称	属性值	附加
1	名称	GZ2	
2	类别	构造柱	☐
3	截面宽度(B边)(...	370	☐
4	截面高度(H边)(...	370	☐
5	马牙槎设置	带马牙槎	☐
6	马牙槎宽度(mm)	60	☐
7	全部纵筋	4Φ12	☐
8	角筋		☐
9	B边一侧中部筋		☐
10	H边一侧中部筋		☐
11	箍筋	Φ8@200(2*2)	☐
12	箍筋胶数	2*2	
13	材质	现浇混凝土	☐

图 2-91　GZ1-370、GZ1-240×370、GZ2 的属性

2.3.4.2 画构造柱

在画构造柱的状态下，单击"建模"按钮进入绘图界面→选择"GZ1-370"→在英文状态下点击"KL"把梁隐藏→点击屏幕上方的点，鼠标移至1轴线墙中心线位置，软件会自动捕捉到墙中心的位置（如果捕捉不到把绘图区下方的中点点开）→单击左键→GZ1-370就布置上了，其它位置也参照这个方法，布置好的构造柱如图2-92所示。

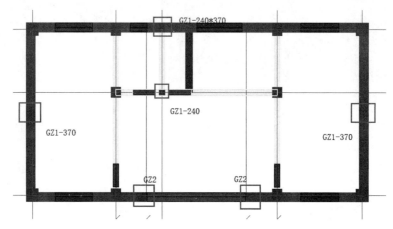

图 2-92　画好的构造柱

2.3.4.3 查看构造柱软件汇总结果

（1）构造柱混凝土工程量。汇总结束后，单击"查看工程量"按钮→批量选择所有画好的构造柱，弹出"查看构件图元工程量"对话框→单击"查看做法工程量"。首层构造柱工程量软件计算结果如表2-15所示。

表 2-15　首层构造柱工程量汇总表

编码	项目名称	单位	工程量
010502002	构造柱	m³	2.5395
子目1	构造柱体积	m³	2.5395
011702003	构造柱	m²	16.946
子目1	构造柱模板面积	m²	16.946

单击"退出"按钮，退出查看构件图元工程量对话框。

（2）构造柱钢筋工程量。在画"构造柱"的状态下，单击"工程量"进入主界面→单击"查看钢筋量"按钮，拉框选择所有构造柱，弹出"查看钢筋量"对话框，可得到首层构造柱的钢筋量，如表2-16所示。

表 2-16　首层构造柱钢筋工程量汇总表

构件名称	构件数量	钢筋总质量/kg	HPB300/kg			HRB400/kg	
			6mm	8mm	合计	12mm	合计
GZ1-240	1	21.625	4.301		4.301	17.324	17.324
GZ1-240×370	1	22.781	5.457		5.457	17.324	17.324
GZ1-370	2	23.92	6.596		6.596	17.324	17.324

续表

构件名称	构件数量	钢筋总质量 /kg	HPB300/kg			HRB400/kg	
			6mm	8mm	合计	12mm	合计
GZ2	2	27.456		10.132	10.132	17.324	17.324
合计		147.158	22.95	20.264	43.214	103.944	103.944

钢筋总质量/kg：147.158

单击右上角的"×"按钮，退出查看钢筋量对话框。

2.3.5　画首层过梁

学习目标

　　能看懂过梁的尺寸及配筋表，并从中找出过梁的截面宽度、高度、纵筋、箍筋等信息，准确定义并编辑过梁的属性，能正确套用过梁的做法，正确画图并通过软件的汇总计算得出首层过梁的混凝土、模板及钢筋工程量。

　　从结构设计总说明可以看出过梁的信息，过梁根据图纸要求：高度是随着门洞宽度变化而变化，按照结构总说明的要求来定义。

2.3.5.1　定义过梁

　　温馨提示：如何判断本工程有哪几种过梁？判断的方法为首先看门窗洞口的宽度有几种？从建筑设计总说明看，门窗洞口的宽度有三类，小于1200mm，1200—2400mm，2400—4000mm，其次再具体看每种又有几种形式，从图中可以看出：小于1200mm洞口上的过梁有两种，一种是在240墙上，一种是在370墙上，1200—2400mm和2400—4000mm洞口的过梁都是在370墙上，所以要建四种过梁。

　　单击"门窗洞"前面的"➕"使其展开→单击下一级的"过梁"→单击"新建"下拉菜单→单击"新建矩形过梁"→修改名称为"GL-120（240）"→填写过梁的属性和做法如图2-93所示。

图2-93　GL-120（240）的属性和做法

　　用"复制"的方法建立GL-120（370）、GL-180、GL-300，其属性如图2-94所示。

	属性列表		
	属性名称	属性值	附加
1	名称	GL-120（370）	
2	截面宽度(mm)		☐
3	截面高度(mm)	120	☐
4	中心线距左墙...	(0)	☐
5	全部纵筋		☐
6	上部纵筋	2Φ10	☐
7	下部纵筋	2Φ12	☐
8	箍筋	Φ6@150(2)	☐
9	胶数	2	☐
10	材质	现浇混凝土	☐
11	混凝土类型	(现浇混凝土 碎石5...	☐
12	混凝土强度等级	(C20)	☐
13	混凝土外加剂	(无)	

	属性列表		
	属性名称	属性值	附加
1	名称	GL-180	
2	截面宽度(mm)		☐
3	截面高度(mm)	180	☐
4	中心线距左墙...	(0)	☐
5	全部纵筋		☐
6	上部纵筋	2Φ12	☐
7	下部纵筋	4Φ14	☐
8	箍筋	Φ6@150(2)	☐
9	胶数	2	☐
10	材质	现浇混凝土	☐
11	混凝土类型	(现浇混凝土 碎石5...	☐
12	混凝土强度等级	(C20)	☐
13	混凝土外加剂	(无)	

	属性列表		
	属性名称	属性值	附加
1	名称	GL-300	
2	截面宽度(mm)		☐
3	截面高度(mm)	300	☐
4	中心线距左墙...	(0)	☐
5	全部纵筋		☐
6	上部纵筋	2Φ14	☐
7	下部纵筋	4Φ16	☐
8	箍筋	Φ6@150(2)	☐
9	胶数	2	☐
10	材质	现浇混凝土	☐
11	混凝土类型	(现浇混凝土 ...	☐
12	混凝土强度等级	(C20)	☐
13	混凝土外加剂	(无)	

图 2-94　GL-120（370）、GL-180 与 GL-300 的属性

2.3.5.2　画过梁

温馨提示：如何判断门窗洞口上是否有过梁？判断方法就是看门窗洞口顶标高到梁底的距离是否够一个过梁的高度。例如：C-1 的顶标高 2.7m，梁底结构标高＝3.55－0.5＝3.05（m），窗顶距梁底距离 350mm，C-1 过梁高度 180mm，因此 C-1 上有过梁。

按照结构总说明的要求来画过梁。

过梁是根据门洞的宽度来决定过梁的高度，按"Shift＋C"显示窗的图元名称，按"Shift＋M"显示门的图元名称。

在画过梁的状态下，单击"建模"按钮进入绘图界面→选择"GL-300"按"点"的方式进行布置→单击"M-1"，即 GL-300 就布置上了，如图 2-95 所示。

同理选择"GL-180"按"点"的方式进行布置→单击"C-1"与"C-2"；选择"GL-120（370）"→单击 M-2、M-3；选择"GL-120（240）"→单击 C-3，即 GL-180、GL-120（240）、GL-120（370）就布置上了，如图 2-96 所示。

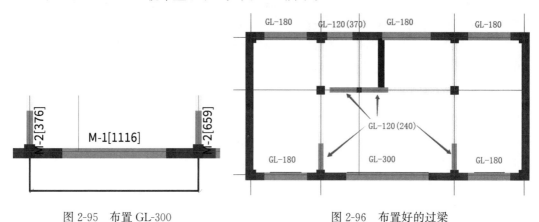

图 2-95　布置 GL-300　　　　　　图 2-96　布置好的过梁

2.3.5.3　查看过梁软件汇总结果

（1）过梁混凝土工程量。汇总结束后，单击"查看工程量按钮"→拉框选择所有画好的过梁，弹出"查看构件图元工程量对话框"→单击"查看工程量"。首层过梁工程量软件计算结果如表 2-17 所示。

表2-17 首层过梁工程量汇总表

编码	项目名称	单位	工程量
010503005	过梁	m³	1.3146
子目1	过梁体积	m³	1.3146
011702009	过梁	m²	12.9736
子目1	过梁模板面积	m²	12.9736

单击"退出"按钮，退出查看构件图元工程量对话框。

（2）过梁钢筋工程量。在画"过梁"的状态下，单击"工程量"进入主界面→单击"查看钢筋量"按钮，拉框选择所有构造柱，弹出"查看钢筋量"对话框，可得到首层过梁的钢筋量，如表2-18所示。

表2-18 首层过梁钢筋工程量汇总表

构件名称	构件个数	钢筋总质量/kg	HPB300/kg		HRB400/kg				
			6mm	合计	10mm	12mm	14mm	16mm	合计
GL-120（240）	2	8.629	1.719	1.719	2.11	4.8			6.91
GL-120（240）	2	9.6	1.719	1.719	2.37	5.511			7.881
GL-180	4	17.303	4.335	4.335		3.48	9.488		12.968
GL-180	1	19.867	4.913	4.913		4.014	10.94		14.954
GL-300	1	56.01	9.504	9.504			12.554	33.952	46.506
GL-120（370）	1	5.814	2.322	2.322	1.432	2.06			3.492
合计		187.361	40.955	40.955	10.392	40.616	61.446	33.952	146.406

钢筋总质量/kg：187.361

2.3.6 画首层楼梯

学习目标

能看懂楼梯的平面图及剖面图，并从中找出楼梯踏步数、高度、楼梯平台板尺寸、梯梁尺寸等信息，准确定义并编辑楼梯的属性，能正确套用过楼梯的做法，正确画图并通过软件的汇总计算得出首层楼梯的混凝土、模板及钢筋工程量。

根据建施6来画楼梯，楼梯在软件里有三种画法，投影面积画法、直形楼梯画法和参数化楼梯画法，这三种画法都可以算量，相对简单且符合手工习惯的画法为投影面积画法，这里只介绍最简单的投影面积画法。

2.3.6.1 划分楼梯与楼层的分界线

按照清单规则的要求，与楼层相接的楼梯梁应该归楼梯投影面积，楼层平台板按照板来计算，那它们的分界线就是楼梯梁靠近板一侧，如图2-97所示。

2.3.6.2 打辅轴

为了区分楼梯和板的分界线,需要做一道辅助轴线,从 3 轴向右偏移 1050mm。

单击"轴线"前面的"➕"使其展开→单击"辅助轴线"→单击"两点辅轴"按钮下的"平行辅轴"→单击 3 轴轴线→软件会弹出对话框→输入偏移距离"1050",辅助轴线就做好了,如图 2-98 所示。

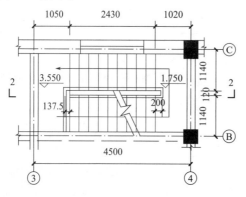

图 2-97 楼梯平面图

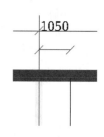

图 2-98 做辅助轴线

2.3.6.3 画虚墙

(1) 定义虚墙。单击"墙"前面的"➕"使其展开→单击一级的"墙"→单击"新建"下拉的菜单→单击"新建虚墙"→修改墙名称为"内虚墙"→填写虚墙的属性,如图 2-99 所示。

(2) 画虚墙。用画墙的方法来画虚墙,如图 2-100 所示。

	属性名称	属性值	附加
1	名称	内虚墙	
2	厚度(mm)	200	☐
3	轴线距左墙皮距离...	(100)	☐
4	内/外墙标志	内墙	☑
5	类别	虚墙	☐
6	起点顶标高(m)	层顶标高	☐
7	终点顶标高(m)	层顶标高	☐
8	起点底标高(m)	层底标高	☐
9	终点底标高(m)	层底标高	☐
10	备注		☐
11	⊞ 钢筋业务属性		
13	⊞ 显示样式		

图 2-99 虚墙的属性

图 2-100 画好的虚墙

2.3.6.4 画楼梯

画楼梯之前,需要先定义楼梯。楼梯的装修做法牵扯到楼梯的斜度系数,这里先计算楼梯的斜度系数。

(1) 计算楼梯的斜度系数。从建施 6 可以看出,楼梯踏步高为 180mm,踏步宽为 270mm,那么楼梯的斜度系数 $\sqrt{270^2+180^2}/270=1.20$。

(2) 定义楼梯的属性。单击"楼梯"前面的"➕"使其展开→单击下一级的"楼梯"→单击"新建"下拉菜单→单击"新建楼梯"→修改楼梯名称为"楼梯"→填写楼梯的属性和做法,如图 2-101 所示。

图 2-101　楼梯的属性和做法

温馨提示：按照对规则的理解，楼梯天棚装修面积＝斜跑实际面积＋休息平台底面积＋楼梯梁侧面积，以上三个面积算起来很麻烦，一般就用楼梯斜度系数近似值来代替。

（3）画楼梯投影面积。在画楼梯的状态下，选中"楼梯"名称→单击"点"→单击楼梯投影面积区域，如图 2-102所示。

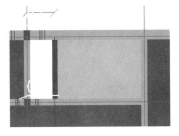

图 2-102　画楼梯

2.3.6.5　画楼层平台板

（1）定义楼梯平台板的属性。楼梯间的楼层平台板清单规则按板来计算，定额规则各地有差异，有的地区把这块板计入楼梯，有的地区计入板里计算，这里按计入板里计算考虑。

单击"板"前面的"  "使其展开→单击下一级的"现浇板"→单击"新建"下拉菜单→单击"新建现浇板"，修改属性名称为"楼层平台板 100"，厚度为 100，马凳筋信息为"C8@1000×1000"，其属性及做法如图 2-103 所示。

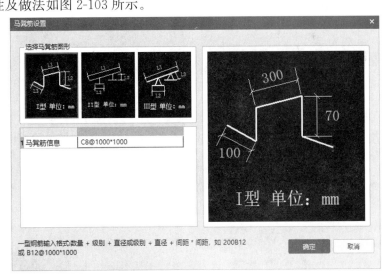

	编码	类别	名称	项目特征	单位	工程量表达式	表达式说明
1	010505003	项	平板（楼层平台板）	1.混凝土种类：预拌 2.混凝土强度等级:C25	m3	TJ	TJ〈体积〉
2	子目1	补	楼层平台板		m3	TJ	TJ〈体积〉
3	011702016	项	平板（楼层平台板）	普通模板	m2	MBMJ+CMBMJ	MBMJ〈底面模板面积〉+CMBMJ〈侧面模板面积〉
4	子目1	补	楼层平台板模板面积		m2	MBMJ+CMBMJ	MBMJ〈底面模板面积〉+CMBMJ〈侧面模板面积〉
5	子目2	补	楼层平台板超高模板面积		m2	CGMBMJ+CGCMBMJ	CGMBMJ〈超高模板面积〉+CGCMBMJ〈超高侧面模板面积〉

图 2-103　楼层平台板的属性和做法

温馨提示：这里清单体积和模板面积请加上"楼层平台板"备注，能与其它板区分开，方便手工核量。

（2）画楼层平台板。在画板的状态下，选中"楼层平台板-100"名称→单击"点"按钮→单击楼层平台板区域，如图 2-104 所示。

单击选中"楼梯平台板"→单击"板延伸至墙梁边"按钮，如图 2-105 所示。

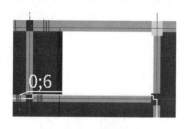

图 2-104　画楼层平台板

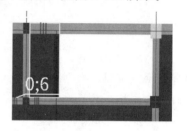

图 2-105　将板延伸至墙梁边

温馨提示：图形绘制完后，删除辅轴及虚墙以保持图形整洁。

（3）画平台板的受力筋。单击"板"前面的"➕"使其展开→单击下一级的"板受力筋"→单击"新建"下拉的菜单→单击"新建板受力筋"→在"属性列表"内修改"名称"为"M-C10@150"（M 表示面筋）→修改"钢筋信息"为"Φ10@150"，如图 2-106 所示。

用复制的方法建立"D-C10@100"的属性做法，如图 2-107 所示。

图 2-106　M-C10@150 的属性 　　　图 2-107　D-C10@100 的属性

单击"布置受力筋"→单击选择"单板"→单击选择"XY 方向"进入"智能布置"对话框→选择"底筋"X 方向为"D-C10@100"，Y 方向为"D-C10@100"→选择"面筋"X方向为"M-C10@150"，Y 方向为"M-C10@150"，如图 2-108 所示。

画好的平台板受力筋如图 2-109 所示。

图 2-108　设置平台板的受力筋

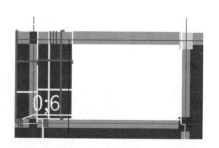

图 2-109　画好的平台板受力筋

2.3.6.6 查看楼梯的计算结果

因为楼梯分别用了楼梯的投影面积、板、板受力筋等多种构件画的，不能同时在一个界面上查看计算结果，分批来查看。

（1）查看楼梯投影面积软件计算结果。汇总结束后，在画楼梯的状态下→单击"查看工程量"按钮→单击画好的楼梯投影面积，弹出"查看构件图元工程量"对话框→单击"做法工程量"。首层楼梯投影面积的工程量，如表2-19所示。

表2-19 首层楼梯投影面积的工程量汇总表

编码	项目名称	单位	工程量
010506001	直形楼梯	m²	7.1928
子目1	楼梯混凝土投影面积	m²	7.1928
011702024	楼梯	m²	7.1928
子目1	楼梯模板面积	m²	7.1928
011106002	块料楼梯面层	m²	7.1928
子目1	块料楼梯面层	m²	7.1928
011301001	天棚抹灰	m²	8.6314
子目1	楼梯底部混合砂浆抹灰（斜面积）	m²	8.6314
子目2	楼梯底部刮仿瓷涂料（斜面积）	m²	8.6314

单击"退出"按钮，退出查看构件图元工程量对话框。

（2）查看楼梯平台板软件计算结果

①楼梯平台板混凝土工程量。在画"现浇板"的状态下→单击"查看工程量"按钮→单击画好的楼梯平台板，弹出"查看构件图元工程量"对话框→单击"做法工程量"。首层楼梯平台板的工程量，如表2-20所示。

表2-20 首层楼梯平台板的工程量汇总表

编码	项目名称	单位	工程量
010505003	平板（楼梯平台板）	m³	0.2009
子目1	楼梯平台板体积	m³	0.2353
011702016	平板（楼梯平台板）	m²	2.3178
子目1	楼梯平台板模板面积	m²	2.3548
子目2	楼梯平台板超高模板面积	m²	2.3548

单击"退出"按钮，退出查看构件图元工程量对话框。

②楼层平台板马凳筋工程量。在画"现浇板"的状态下，单击"工程量"进入主界面→单击"编辑钢筋"→单击"楼层平台板"，可得到楼梯平台板的马凳筋的工程量，如表2-21所示。

表 2-21 首层楼梯平台板钢筋量（马凳筋）汇总表

构件名称	构件数量	钢筋总质量/kg	HRB400/kg	
			8mm	合计
楼梯平台板	1	1.012	1.012	1.012
合计		1.012	1.012	1.012

钢筋总质量/kg：1.012

单击右上角的"×"按钮，退出查看钢筋量对话框。

③ 楼梯平台板受力筋工程量。在画"板受力筋"的状态下，单击"工程量"进入主界面→单击"查看钢筋量"按钮，拉框选择所有楼梯平台板的受力筋，弹出"查看钢筋量"对话框，可得到首层楼梯平台板受力筋的工程量，如表 2-22 所示。

表 2-22 首层楼梯平台板受力筋工程量汇总表

构件名称	构件数量	钢筋总质量/kg	HRB400/kg	
			10mm	合计
M-C10@150	1	12.54	12.54	12.54
M-C10@150	1	13.09	13.09	13.09
D-C10@100	1	14.058	14.058	14.058
D-C10@100	1	15.21	15.21	15.21
合计		54.898	54.898	54.898

钢筋总质量/kg：54.898

单击右上角的"×"按钮，退出查看钢筋量对话框。

2.3.7 首层楼梯钢筋和栏杆扶手工程量计算

 学习目标

能看懂楼梯的平面图及剖面图，并从中找出楼梯、梯梁的钢筋信息和楼梯栏杆扶手的相关信息，会用表格输入法选择相应的参数化楼梯，并能准确地进行相关参数的输入，会手算计算楼梯栏杆和扶手长度的计算。

2.3.7.1 踏板钢筋工程量

根据结施 8（楼梯平法配筋图）可得楼梯钢筋的具体信息。选择楼层，进入"楼梯手算层"，如图 2-110 所示。

图 2-110 选择"楼梯手算层"

单击"工程量"进入主界面→单击"表格输入"按钮，弹出"表格输入"对话框→单击"构件"，修改构件名称为"AT1"→单击"参数输入"→单击"A-E 楼梯"前面的"▷"号将其展开→单击"AT 型楼梯"，如图 2-111 所示。

根据图纸修改楼梯的参数，如图 2-112 所示。

得到 AT1 的钢筋信息如图 2-113 所示。

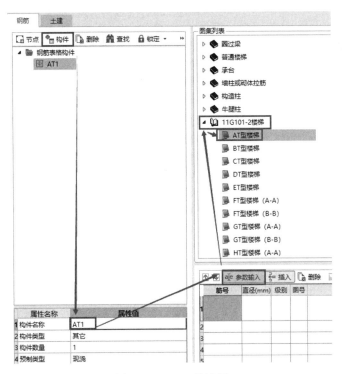

图 2-111　AT1 的选择

AT型楼梯：

名称	数值
一级钢筋锚固（la1）	27 D
二级钢筋锚固（la2）	34 D
三级钢筋锚固（la3）	40 D
保护层厚度（bhc）	15

AT. 梯板厚度(h)：100
踏步段总高(th)：1800
梯板配筋：C12@100

lsn=bs×m=270×9

踏步宽 × 踏步数 = 踏步段水平净长

梯板分布钢筋：C10@150

注：1. 楼梯板钢筋信息也可在下表中直接输入。

图 2-112　修改 AT1 的参数

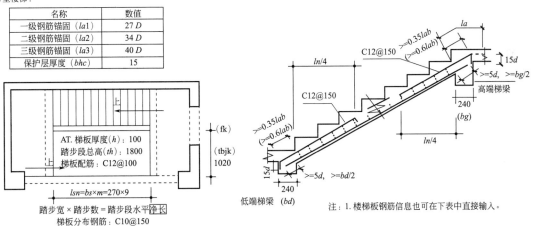

	筋号	直径(mm)	级别	图号	图形	计算公式	公式描述	长度	根数	搭接	损耗(%)	单重(kg)	总重(kg)
1	梯板下部纵筋	12	⊕	3	3161	2430*1.202+120+120		3161	11	0	0	2.807	30.877
2	下梯梁端上部纵筋	12	⊕	149	1001 180 720 70	2430/4*1.202+480+100-2*15		1280	8	0	0	1.137	9.096
3	梯板分布钢筋	10	⊕	3	990	1020-2*15		990	32	0	0	0.611	19.552
4	上梯梁端上部纵筋	12	⊕	149	1001 210 720 70	2430/4*1.202+480+100-2*15		1280	8	0	0	1.137	9.096

图 2-113　AT1 的钢筋信息

图 2-114 选择楼梯休息平台

由于 AT2 的所有信息与 AT1 完全相同，所以可以利用"复制"的方法得到 AT2。

2.3.7.2 楼梯休息平台钢筋工程量计算

单击"表格输入"按钮，弹出"表格输入"对话框→单击"构件"，修改构件名称为"PTB1"→单击"参数输入"→单击"双网双向 A-E 楼梯"前面的"▷"号将其展开→单击"A-A 平台板"，如图 2-114 所示。

根据图纸修改楼梯休息平台的参数，如图 2-115 所示。

双网双向A-A层间平台板：

名称	数值
一级钢筋锚固（*la*1）	27*D*
二级钢筋锚固（*la*2）	34*D*
三级钢筋锚固（*la*3）	40*D*
保护层厚度（*bhc*）	15
平台板厚（*ptbh*）	100

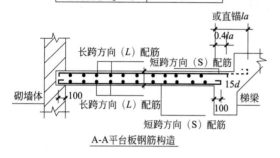

A-A平台板钢筋构造

注：板长跨方向嵌固在砌体墙内时，
其支座配筋构造与左边支座相同。

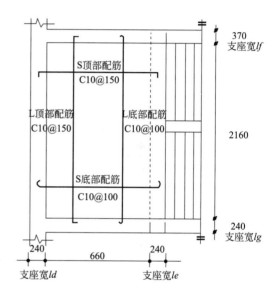

图 2-115 修改楼梯休息平台的参数

输完相应的参数点击计算保存，得出楼梯休息平台的钢筋信息如图 2-116 所示。

	筋号	直径(mm)	级别	图号	图形	计算公式	公式描述	长度	根数	搭接	损耗(%)	单重(kg)	总重(kg)
1	PTB短跨S底部配筋	10	Φ	3	860	660+200		860	22	0	0	0.531	11.682
2	PTB长跨L底部配筋	10	Φ	3	2360	2160+200		2360	7	0	0	1.456	10.192
3	PTB长跨L顶部配筋	10	Φ	65	70 2360 70	2160+2*100+2*100-4*15		2500	5	0	0	1.543	7.715
4	PTB短跨S顶部配筋	10	Φ	65	70 860 70	660+2*100+2*100-4*15		1000	15	0	0	0.617	9.255

图 2-116 楼梯休息平台的钢筋信息

2.3.7.3 梯梁钢筋计算

单击"构件"，修改构件名称为"TL1"，"构件数量"修改为 2，梯梁 TL1 的属性如图 2-117 所示。

在参数输入中依次输入"上部钢筋、下部钢筋、箍筋的筋号及计算公式"，如图 2-118 所示。

	属性名称	属性值
1	构件名称	TL1
2	构件类型	其它
3	构件数量	2
4	预制类型	现浇
5	汇总信息	其它
6	备注	
7	构件总重量(kg)	0

图 2-117 TL1 的属性

筋号	直径(mm)	级别	图号	图形	计算公式	公式描述	长度	根数	搭接	损耗(%)	单重(kg)	总重(kg)
1 上部钢筋	20	Φ	1	L	240-20+15*20+2160+370-20···		3330	2	0	0	8.225	16.45
2 下部钢筋	20	Φ	1	L	2160+12*20*2		2640	4	0	0	6.521	26.084
3 箍筋	8	Φ	1	L	(240+400)*2-8*20+11.9*8*2		1310	12	0	0	0.517	6.204

图 2-118　TL 的钢筋信息

温馨提示： ① 上部钢筋＝支座宽－保护层＋15d＋净长＋支座宽－保护层＋15d；

② 下部钢筋＝净长＋12d×2；

③ 箍筋＝（TL1 截面周长－8 个保护层）＋1.9d×2＋Max（10d，75）×2＝（TL1 截面周长－8 个保护层）＋11.9d×2；

④ 箍筋的根数＝（净长－50×2）/箍筋间距，向上取整＋1。

2.3.7.4　楼梯扶手（栏杆）计算

楼梯扶手（栏杆）固定在楼梯上，可以在每层进行计算，但楼梯扶手（栏杆）要上下层结合看，所以将一、二层放在一块来计算。

先了解一下关于楼梯扶手（栏杆）的计算规则。

（1）关于楼梯扶手（栏杆）的计算规则

① 清单规则。清单规则楼梯扶手（栏杆）是按扶手中心线实际长度计算的（包括弯头长度）。

② 定额规则。各地计算规则不尽相同，北京规则为：将栏杆与扶手分开来计算，栏杆按扶手中心线水平投影长度乘以高度以平方米计算，栏杆高度从扶手底算至楼梯结构上表面；扶手按中心线水平投影长度以米计算。

（2）楼梯扶手（栏杆）工程量统计

① 楼梯扶手（栏杆）长度统计。根据建施 5 楼梯平面图（如图 2-119 所示），经测量楼梯栏杆的长度为：（2660＋2843）×1.20＋270＋1215＝8088.6（mm）

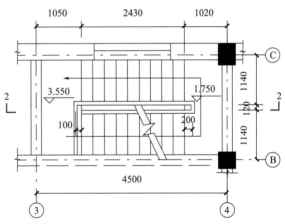

图 2-119　楼梯平面图

温馨提示：（2660＋2843）是测量的两个梯段扶手的水平投影长度，1.2 是楼梯的斜度系数，二者相乘是斜长；270 和 1215 是平直段的实际长度。

② 楼梯扶手（栏杆）软件计算。用手工统计出本工程的楼梯扶手（栏杆）长度，然后把手工统计的结果输入到软件的"表格输入"里了，如图 2-120 所示。

	编码	类别	名称	项目特征	单位	工程量表达式	工程量	措施项目	专业
1	011503001	项	金属扶手、栏杆、栏板	楼梯栏杆	m	8.09	8.09	☐	建筑工程
2	子目1	补	不锈钢栏杆		m	QDL[清单量]	8.09	☐	

图 2-120　楼梯扶手（栏杆）软件计算

2.3.8 画台阶

　　能看懂台阶的平面图，并从中找出台阶踏步尺寸等信息，准确定义并编辑台阶的属性，能正确套用台阶的做法，正确画图并通过软件的汇总计算得出台阶的工程量。

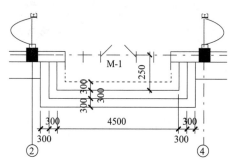

图 2-121　台阶平面图

2.3.8.1　台阶与地面的分界线

　　从建施 1 可以看到首层的台阶，台阶清单规则要计算投影面积，以台阶最上一个踏步后推 300mm 为分界线，这个分界线以外按台阶计算，以内按地面计算。图 2-121 为台阶的平面图，图中虚线就是台阶与地面的分界线。

2.3.8.2　定义台阶属性和做法

　　（1）定义台阶属性和做法。选择楼层，进入"首层"，单击"其它"前面的"🕀"使其展开→单击下一级的"台阶"→单击"新建"下拉菜单→单击"新建台阶"→修改名称为"台阶"→填写台阶的属性和做法，如图 2-122 所示。

	属性名称	属性值	附加
1	名称	台阶	
2	台阶高度(mm)	450	☐
3	踏步高度(mm)	450	☐
4	材质	现浇混凝土	☐
5	混凝土类型	(现浇混凝土 碎…	☐
6	混凝土强度等级	(C20)	☐
7	顶标高(m)	层底标高	☐
8	备注		☐
9 ⊞	钢筋业务属性		
12 ⊞	土建业务属性		
16 ⊞	显示样式		

	编码	类别	名称	项目特征	单位	工程量表达式	表达式说明
1	⊟ 010507004	项	台阶	100厚C15碎石混凝土	m2	MJ	MJ<台阶整体水平投影面积>
2	└ 子目1	补	100厚C15碎石混凝土		m2	MJ	MJ<台阶整体水平投影面积>
3	⊟ 011702027	项	台阶	普通模板	m2	MJ	MJ<台阶整体水平投影面积>
4	└ 子目1	补	台阶模板面积		m2	MJ	MJ<台阶整体水平投影面积>
5	⊟ 011107004	项	水泥砂浆台阶面	20厚水泥砂浆面层	m2	MJ	MJ<台阶整体水平投影面积>
6	└ 子目1	补	20厚水泥砂浆面层		m2	MJ	MJ<台阶整体水平投影面积>

图 2-122　台阶的属性和做法

　　（2）定义台阶地面属性和做法。台阶地面的做法是按照地面规则来处理，还在台阶里来定义，只是把做法换成地面的内容，定义好的台阶地面如图 2-123 所示。

	属性名称	属性值	附加
1	名称	台阶地面	
2	台阶高度(mm)	450	☐
3	踏步高度(mm)	450	☐
4	材质	现浇混凝土	☐
5	混凝土类型	(现浇混凝土 …	☐
6	混凝土强度等级	(C20)	☐
7	顶标高(m)	层底标高	☐
8	备注		☐
9 ⊞	钢筋业务属性		
12 ⊞	土建业务属性		
16 ⊞	显示样式		

	编码	类别	名称	项目特征	单位	工程量表达式	表达式说明
1	⊟ 011101001	项	水泥砂浆楼地面	1.20mm1:2.5水泥砂浆面层 2.100mmC15碎石混凝土垫层 3.素土夯实	m2	MJ	MJ<台阶整体水平投影面积>
2	└ 子目1	补	20mm1:2.5水泥砂浆面层		m2	MJ	MJ<台阶整体水平投影面积>
3	└ 子目2	补	100mmC15碎石混凝土垫层		m3	MJ*0.1	MJ<台阶整体水平投影面积>*0.1

图 2-123　台阶地面属性和做法

　　温馨提示：注意这里要将台阶地面高度改为 450，实际施工台阶地面下为灰土垫层，这里设为 450 等于把灰土垫层整体考虑，也就是说灰土部分和台阶地面部分都不做外墙装修，如果仅填台阶本身高度部分，软件会计算台阶地面下面灰土部分接触的外墙装修，实际上这里不做外墙装修。

2.3.8.3 画台阶和台阶地面

（1）做辅助轴线。按照建施 1 所给的尺寸来做辅助轴线，也就是要把图 2-121 中的虚线用辅助轴线做出来（进行延伸），辅助轴线做法前面已经讲过，这里不再赘述。做好的辅助轴线如图 2-124 所示。

（2）画虚墙。在画"墙"的状态下，选中"内虚墙"，照着图中辅助轴线将台阶的轮廓描绘出来，如图 2-125 所示。

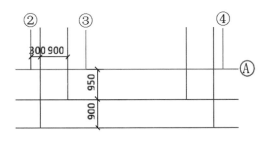

图 2-124 做好的辅助轴线

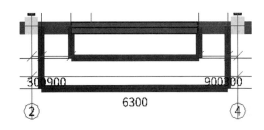

图 2-125 画好的虚墙

画完虚墙后，删除不用的辅助轴线，使界面更清晰。

（3）画台阶及台阶地面。在画"台阶"的状态下，选中"台阶地面"名称→单击"点"按钮→单击台阶地面范围内任意一点→选中"台阶"名称→单击"点"按钮→单击台阶范围内任意一点→单击右键结束。如图 2-126 所示。

这时候台阶和台阶地面虽然都画好了，但顶标高都在−0.05，与图纸不符，要调整其标高修改到±0.00 上，操作步骤如下：

单击"选择"按钮→选中画好的台阶和台阶地面→修改属性中的"顶标高"为"层底标高＋0.05"→单击右键取消选择。这样台阶和台阶地面就修改到图纸要求的标高位置了。

画完台阶后，删除不用的虚墙。

（4）设置台阶踏步边。再回到画"台阶"的状态，单击"设置台阶踏步边"按钮→分别单击台阶的三条外边线→单击右键弹出"踏步宽度"对话框→填写踏步数为"3"，踏步宽度为"300"→单击"确定"，台阶踏步边就设置好了，如图 2-127 所示。

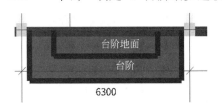

图 2-126 画台阶及台阶地面

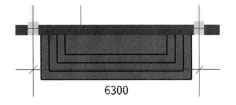

图 2-127 设置台阶踏步边

2.3.8.4 查看首层台阶软件计算结果

汇总结束后，在画"台阶"的状态下，单击"选择"按钮→选中画好的台阶及台阶地面→单击"查看工程量"按钮→单击"做法工程量"。首层台阶及台阶地面工程量，如表 2-23 所示。

表 2-23 首层台阶及台阶地面工程量汇总表

编码	项目名称	单位	工程量
011101001	水泥砂浆楼地面	m²	2.73
子目1	20mm1:2.5 水泥砂浆面层	m²	2.73
子目2	100mm C15 碎石混凝土垫层	m²	0.273
011107004	水泥砂浆台阶面	m²	6.39
子目1	20mm 厚1:2.5 水泥砂浆面层	m²	6.39
010507004	台阶	m²	6.39
子目1	100mm C15 碎石混凝土垫层体积	m³	6.39
011702027	台阶	m²	6.39
子目1	台阶模板面积	m²	6.39

单击"退出"按钮，退出查看构件图元工程量对话框。

2.3.9　画散水

🎯 **学习目标**

能看懂散水的平面图，并从中找出散水厚度、伸缩缝等信息，准确定义并编辑散水的属性，能正确套用散水的做法，正确画图并通过软件的汇总计算得出散水的工程量。

2.3.9.1　定义散水的属性和做法

单击"其它"前面的"➕"使其展开→单击下一级"散水"→单击"新建散水"→修改名称为"散水"→填写散水的属性和做法，如图 2-128 所示。

	属性名称	属性值	附加
1	名称	散水	
2	材质	现浇混凝土	☐
3	混凝土类型	(现浇混凝土 碎…	☐
4	混凝土强度等级	C15	☐
5	底标高(m)	(-0.45)	☐
6	备注		☐
7 ⊞	钢筋业务属性		
10 ⊞	土建业务属性		
12 ⊞	显示样式		

	编码	类别	名称	项目特征	单位	工程量表达式	表达式说明
1	⊟ 010507001	项	散水、坡道	1.1:1水泥砂浆一次抹光 2.80mmC15碎石混凝土散水 3.沥青砂浆嵌缝	m2	MJ	MJ〈面积〉
2	子目1	补	1:1水泥砂浆一次抹光		m2	MJ	MJ〈面积〉
3	子目2	补	80mmC15碎石混凝土散水		m3	MJ*0.08	MJ〈面积〉*0.08
4	子目3	补	沥青砂浆嵌缝		m	TQCD	TQCD〈贴墙长度〉
5	⊟ 011702029	项	散水	普通模板	m2	MBMJ	MBMJ〈模板面积〉
6	子目1	补	混凝土散水模板面积		m2	MBMJ	MBMJ〈模板面积〉

图 2-128　散水的属性和做法

温馨提示：图纸中沥青砂浆贴墙伸缩缝一般没有说明，做法为常规施工做法，另外 4 个拐角有 4 条斜缝，超过 6m 设一道隔断伸缩缝，与台阶相邻处有相邻伸缩缝。

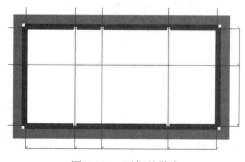

图 2-129　画好的散水

2.3.9.2　画散水

（1）画散水。在画"散水"的状态下，选中"散水"名称→单击"智能布置"下拉菜单→单击"外墙外边线"→单击"批量选择"，选中"砖墙 370"→单击"确定"→右键弹出"设置散水宽度"对话框→填写散水宽度为"600"→单击"确定"，散水就布置好了，如图 2-129 所示。

（2）计算散水伸缩缝。散水除了有贴墙伸缩缝之外，还有隔断伸缩缝，而在画散水的时候只计算了贴墙伸缩缝，没有计算隔断伸缩缝和相邻伸缩缝，软件在绘图部分没有这个代码，这个量可以用自定义线画，也可以表格计算，相当于手工计算，用比较简单的表格输入法来计算，具体操作步骤如下。

单击"工程量"进入主界面→单击"表格输入"按钮，弹出"表格输入"对话框→单击选择"土建"→单击"构件"，修改构件名称为"散水伸缩缝"。散水伸缩缝的计算如图 2-130 所示。

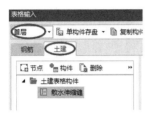

	编码	类别	名称	项目特征	单位	工程量表达式	工程量
1	⊟ B0001	补项	散水伸缩缝	沥青砂浆	m	0.6*1.414*4+0.6*4+0.6*2	6.9936
2	子目1	补	散水拐角处伸缩缝		m	0.6*1.414*4	3.3936
3	子目2	补	超过6米处		m	0.6*4	2.4
4	子目3	补	与台阶相邻处		m	0.6*2	1.2

图 2-130　散水伸缩缝的计算

2.3.9.3　查看散水软件计算结果

（1）查看散水绘图软件计算结果。汇总结束后，在画"散水"的状态下，单击"选择"按钮→选中画好的散水→单击"查看工程量"按钮→单击"做法工程量"。首层散水工程量如表 2-24 所示。

表 2-24　首层散水工程量汇总表

编码	项目名称	单位	工程量
010507001	散水、坡道	m^2	22.26
子目 1	1∶1水泥砂浆面层一次抹光	m^2	22.26
子目 2	80mm C15 碎石混凝土散水	m^3	1.7808
子目 3	沥青砂浆嵌缝	m	34.7
011702029	散水	m^2	7.42
子目 1	混凝土散水模板面积	m^2	7.42

单击"退出"按钮，退出查看构件图元工程量对话框。

（2）查看散水表格输入软件计算结果。表格输入实际就是手工的工程量，只要列好公式，软件会自动计算出工程量。如图 2-131 所示。

	编码	类别	名称	项目特征	单位	工程量表达式	工程量
1	⊟ B0001	补项	散水伸缩缝	沥青砂浆	m	0.6*1.414*4+0.6*4+0.6*2	6.9936
2	子目1	补	散水拐角处伸缩缝		m	0.6*1.414*4	3.3936
3	子目2	补	超过6米处		m	0.6*4	2.4
4	子目3	补	与台阶相邻处		m	0.6*2	1.2

图 2-131　散水表格输入软件计算结果

2.3.10　首层墙体最终工程量

（1）墙体土建工程量。由于本工程属于框架结构，因此墙体的工程量与柱、门窗、过梁等构件之间存在扣减关系，在首层柱、门窗、过梁画完之后，对墙进行汇总计算，首层墙体工程量软件计算结果如表 2-25 所示。

表 2-25　首层墙体工程量汇总表

编码	项目名称	单位	工程量
010401003	实心砖墙（外墙 370）	m³	27.5153
子目 1	砖墙 370 体积	m³	27.5153
010401003	实心砖墙（内墙 240）	m³	11.7298
子目 1	砖墙 240 体积	m³	11.7298

单击"退出"按钮，退出查看构件图元工程量对话框。

（2）墙体钢筋工程量。在画"墙"的状态下，单击"工程量"进入主界面→单击"查看钢筋量"按钮，拉框选择所有墙，弹出"查看钢筋量"对话框，可得到首层墙的钢筋量，如表 2-26 所示。

表 2-26　首层墙体钢筋工程量汇总表

构件名称	构件个数	钢筋总质量/kg	HPB300/kg	
			6mm	合计
砖墙 370	2	23.282	23.282	23.282
砖墙 370	1	32.438	32.438	32.438
砖墙 370	1	40.61	40.61	40.61
砖墙 240	2	20.846	20.846	20.846
砖墙 240	1	20.214	20.214	20.214
砖墙 240	1	10.024	10.024	10.024
合计		191.542	191.542	191.542

钢筋总质量/kg：191.542

2.4　首层装修工程量计算

2.4.1　室内装修

学习目标

　　根据装修做法表，分别对地面、踢脚、墙面、墙裙、天棚等装修构件进行定义、编辑属性，并正确套用其清单定额，然后新建房间并根据房间的装修做法进行装修构件的组合，最后正确画出房间并汇总计算出首层各房间的装修工程量。

　　从建施 1 可以看出首层有五个房间，分别为接待室、办公室、财务处、楼梯间和卫生间，每个房间的具体装修做法在设计总说明里都有详细的说明。

　　一般做法是定义所有房间的地面、踢脚或墙裙、墙面和天棚这些装修构件，然后按照图纸要求组合到各个房间，整体计算每个房间的地面、踢脚或墙裙、墙面和天棚工程量。

2.4.1.1 定义首层房间装修构件的属性和做法

首层房间的装修构件有地面、踢脚、墙裙、墙面、天棚，下面分别定义。

（1）首层地面的属性和做法。首层有地 9 和地面 E 两种地面，从设计总说明可以看出这两种地面的详细做法。定义首层地面的属性和做法：

单击"装修"前面的"＋"使其展开→单击下一级的"楼地面"→单击"新建"下拉菜单→单击"新建楼地面"→修改名称为"地 9"。建立好的地 9 属性和做法如图 2-132 所示。

	属性名称	属性值	附加
1	名称	地9	
2	块料厚度(mm)	0	☐
3	是否计算防水面积	否	☐
4	顶标高(m)	层底标高	☐
5	备注		☐
6	⊞ 土建业务属性		
9	⊞ 显示样式		

	编码	类别	名称	项目特征	单位	工程量表达式	表达式说明
1	⊟ 011102003	项	块料楼地面	铺地砖地面 1.铺800mm×800mm×10mm瓷砖，白水泥擦缝 2.20厚1:3干硬性水泥砂浆粘结层 3.素水泥一道 4.20厚1:3水泥砂浆找平 5.50厚C15混凝土垫层 6.150厚3:7灰土垫层	m2	KLDMJ	KLDMJ<块料地面积>
2	── 子目1	补	铺800mm×800mm×10mm瓷砖，白水泥擦缝		m2	KLDMJ	KLDMJ<块料地面积>
3	── 子目2	补	20厚1:3干硬性水泥砂浆粘结层		m2	DMJ	DMJ<地面积>
4	── 子目3	补	素水泥一道		m2	DMJ	DMJ<地面积>
5	── 子目4	补	20厚1:3水泥砂浆找平		m2	DMJ	DMJ<地面积>
6	── 子目5	补	50厚C15混凝土垫层		m3	DMJ*0.05	DMJ<地面积>*0.05
7	── 子目6	补	150厚3:7灰土垫层		m3	DMJ*0.15	DMJ<地面积>*0.15

图 2-132 地 9 属性和做法

用同样的方法建立地面 E。建立好的地面 E 属性和做法如图 2-133 所示。

	属性名称	属性值	附加
1	名称	楼面E	
2	块料厚度(mm)	0	☐
3	是否计算防水...	否	☐
4	顶标高(m)	层底标高	☐
5	备注		☐
6	⊞ 土建业务属性		
9	⊞ 显示样式		

	编码	类别	名称	项目特征	单位	工程量表达式	表达式说明
1	⊟ 011102002	项	碎石材楼地面	陶瓷锦砖地面 1.5厚陶瓷锦砖铺实拍平，DTG擦缝 2.20厚水泥砂浆粘结层 3.20厚水泥砂浆找平层 4.1.5厚聚合物水泥基防水涂料 5.20厚水泥砂浆找平层 6.最厚50最薄35厚C15细石混凝土从门口外向地漏找坡 7.50厚C15混凝土垫层 8.100厚3:7灰土垫层	m2	KLDMJ	KLDMJ<块料地面积>
2	── 子目1	补	5厚陶瓷锦砖铺实拍平，DTG擦缝，20厚水泥砂浆粘结层		m2	KLDMJ	KLDMJ<块料地面积>
3	── 子目2	补	20厚水泥砂浆找平层		m2	DMJ	DMJ<地面积>
4	── 子目3	补	1.5厚聚合物水泥基防水涂料（平面）		m2	DMJ	DMJ<地面积>
5	── 子目4	补	1.5厚聚合物水泥基防水涂料（立面）		m2	DMZC*0.15	DMZC<地面周长>*0.15
6	── 子目5	补	20厚水泥砂浆找平层		m2	DMJ	DMJ<地面积>
7	── 子目6	补	最厚50最薄35厚C15细石混凝土从门口处向地漏找坡		m3	DMJ*0.0425	DMJ<地面积>*0.0425
8	── 子目7	补	50厚C15混凝土垫层		m3	DMJ*0.05	DMJ<地面积>*0.05
9	── 子目8	补	100厚3:7灰土垫层		m3	DMJ*0.1	DMJ<地面积>*0.1

图 2-133 楼面 E 属性和做法

（2）首层踢脚的属性和做法。首层只有"踢 2A"的踢脚，从设计总说明可以看出踢脚的详细做法，定义首层踢脚的属性和做法。

单击"装修"前面的""使其展开→单击"踢脚"→单击"新建"下拉菜单→单击"新建踢脚"→修改名称为"踢 2A"。建立好的踢 2A 属性和做法如图 2-134 所示。

	属性列表		
	属性名称	属性值	附加
1	名称	踢2A	
2	高度(mm)	120	☐
3	块料厚度(mm)	0	☐
4	起点底标高(m)	墙底标高	☐
5	终点底标高(m)	墙底标高	☐
6	备注		☐
7	⊞ 土建业务属性		
10	⊞ 显示样式		

	编码	类别	名称	项目特征	单位	工程量表达式	表达式说明
1	⊟ 011105001	项	水泥砂浆踢脚线	1.8厚1:2.5水泥砂浆罩面压实赶光 2.18厚1:3水泥砂浆打底扫毛或划出纹道	m2	TJMHMJ	TJMHMJ<踢脚抹灰面积>
2	子目1	补	8厚1:2.5水泥砂浆罩面压实赶光		m2	TJMHMJ	TJMHMJ<踢脚抹灰面积>
3	子目2	补	18厚1:3水泥砂浆打底扫毛或划出纹道		m2	TJMHMJ	TJMHMJ<踢脚抹灰面积>

图 2-134　踢 2A 属性和做法

（3）首层墙裙的属性和做法。首层只有裙 10A1 的墙裙，从设计总说明可以看出墙裙的详细做法，定义首层墙裙的属性和做法。

单击"装修"前面的""使其展开→单击"墙裙"→单击"新建"下拉菜单→单击"新建内墙裙"→修改名称为"裙 10A1"。建立好的裙 10A1 属性和做法如图 2-135 所示。

	属性列表		
	属性名称	属性值	附加
1	名称	裙10A1	
2	高度(mm)	1200	☐
3	块料厚度(mm)	0	☐
4	所附墙材质	(程序自动判断)	☐
5	内/外墙裙标志	内墙裙	☑
6	起点底标高(m)	墙底标高	☐
7	终点底标高(m)	墙底标高	☐
8	备注		☐
9	⊞ 土建业务属性		
12	⊞ 显示样式		

	编码	类别	名称	项目特征	单位	工程量表达式	表达式说明
1	⊟ 011204003	项	块料墙面	胶合板墙裙（内墙裙10A1） 1.饰面油漆刮腻子、磨砂纸、刷底漆二遍，刷聚酯清漆二遍 2.粘柚木饰面板 3.12mm木质基层板 4.木龙骨（断面30mm×40mm，间距300mm×300mm） 5.墙缝原浆抹平	m2	QQKLMJ	QQKLMJ<墙裙块料面积>
2	子目1	补	饰面油漆刮腻子、磨砂纸、刷底漆二遍，刷聚酯清漆二遍		m2	QQKLMJ	QQKLMJ<墙裙块料面积>
3	子目2	补	粘柚木饰面板		m2	QQKLMJ	QQKLMJ<墙裙块料面积>
4	子目3	补	12mm木质基层板		m2	QQKLMJ	QQKLMJ<墙裙块料面积>
5	子目4	补	木龙骨（断面30mm×40mm，间距300mm×300mm）		m2	QQKLMJ	QQKLMJ<墙裙块料面积>

图 2-135　裙 10A1 属性和做法

（4）首层墙面的属性和做法。首层有内墙 5A 与内墙 B 两种墙面，从设计总说明可以看出墙面的详细做法，定义首层墙面的属性和做法。

单击"装修"前面的""使其展开→单击"墙面"→单击"新建"下拉菜单→单击"新建内墙面"→修改名称为"内墙 5A"。建立好的内墙 5A 属性和做法如图 2-136 所示。

温馨提示：墙面抹灰仿瓷涂料一般用墙面块料面积计算。

内墙 B 属性和做法如图 2-137 所示。

（5）首层天棚的属性和做法。首层有棚 2B 与棚 A 两种天棚，从设计总说明里可以看出天棚的详细做法，定义首层天棚的属性和做法。

单击"装修"前面的"➕"使其展开→单击"天棚"→单击"新建"下拉菜单→单击
"新建天棚"→修改名称为"棚2B"。建立好的棚2B属性和做法如图 2-138 所示。

	属性名称	属性值	附加
1	名称	内墙5A	
2	块料厚度(mm)	0	
3	所附墙材质	(程序自动判断)	
4	内/外墙面标志	内墙面	☑
5	起点顶标高(m)	墙顶标高	
6	终点顶标高(m)	墙顶标高	
7	起点底标高(m)	墙底标高	
8	终点底标高(m)	墙底标高	
9	备注		
10	⊞ 土建业务属性		
13	⊞ 显示样式		

	编码	类别	名称	项目特征	单位	工程量表达式	表达式说明
1	⊟ 011201001	项	墙面一般抹灰	内墙5A 1.抹灰面刮三遍仿瓷涂料 2.5厚1：2.5水泥砂浆找平 3.9厚1：3水泥砂浆打底扫毛或划出纹道	m2	QMKLMJ	QMKLMJ〈墙面块料面积〉
2	子目1	补	抹灰面刮三遍仿瓷涂料		m2	QMKLMJ	QMKLMJ〈墙面块料面积〉
3	子目2	补	5厚1：2.5水泥砂浆找平		m2	QMMHMJ	QMMHMJ〈墙面抹灰面积〉
4	子目3	补	9厚1：3水泥砂浆打底扫毛或划出纹道		m2	QMMHMJ	QMMHMJ〈墙面抹灰面积〉

图 2-136　内墙 5A 属性和做法

	属性名称	属性值	附加
1	名称	内墙B	
2	块料厚度(mm)	0	
3	所附墙材质	(程序自动判断)	
4	内/外墙面标志	内墙面	☑
5	起点顶标高(m)	墙顶标高	
6	终点顶标高(m)	墙顶标高	
7	起点底标高(m)	墙底标高	
8	终点底标高(m)	墙底标高	
9	备注		
10	⊞ 土建业务属性		
13	⊞ 显示样式		

	编码	类别	名称	项目特征	单位	工程量表达式	表达式说明
1	⊟ 011204003	项	块料墙面	釉面砖墙面（内墙B） 1.DTG砂浆勾缝，5厚釉面砖面层 2.5厚水泥浆粘结层 3.8厚水泥砂浆打底 4.水泥砂浆勾实接缝，修补墙面	m2	QMKLMJ	QMKLMJ〈墙面块料面积〉
2	子目1	补	DTG砂浆勾缝，5厚釉面砖面层，5厚水泥砂浆粘结层		m2	QMKLMJ	QMKLMJ〈墙面块料面积〉
3	子目2	补	8厚水泥砂浆打底		m2	QMMHMJ	QMMHMJ〈墙面抹灰面积〉
4	子目3	补	水泥砂浆勾实接缝，修补墙面		m2	QMMHMJ	QMMHMJ〈墙面抹灰面积〉

图 2-137　内墙 B 属性和做法

	属性名称	属性值	附加
1	名称	棚2B	
2	备注		
3	⊞ 土建业务属性		
6	⊞ 显示样式		

	编码	类别	名称	项目特征	单位	工程量表达式	表达式说明
1	⊟ 011301001	项	天棚抹灰	棚2B 1.抹灰面刮三遍仿瓷涂料 2.2厚1：2.5纸筋灰罩面 3.10厚1：1：4混合砂浆打底 4.刷素水泥浆一遍	m2	TPMHMJ	TPMHMJ〈天棚抹灰面积〉
2	子目1	补	抹灰面刮三遍仿瓷涂料		m2	TPMHMJ	TPMHMJ〈天棚抹灰面积〉
3	子目2	补	2厚1：2.5纸筋灰罩面		m2	TPMHMJ	TPMHMJ〈天棚抹灰面积〉
4	子目3	补	10厚1：1：4混合砂浆打底		m2	TPMHMJ	TPMHMJ〈天棚抹灰面积〉
5	子目4	补	刷素水泥浆一遍		m2	TPMHMJ	TPMHMJ〈天棚抹灰面积〉

图 2-138　棚 2B 属性和做法

建立好的棚 A 的属性和做法如图 2-139 所示。

	编码	类别	名称	项目特征	单位	工程量表达式	表达式说明
1	— 011301001	项	天棚抹灰	棚A:刷涂料顶棚 1.板底10厚DP-LR砂浆抹平 2.刮2厚耐水腻子 3.刮耐擦洗白色涂料	m2	TPMHMJ	TPMHMJ<天棚抹灰面积>
2	— 子目1	补	板底10厚DP-LR砂浆抹平		m2	TPMHMJ	TPMHMJ<天棚抹灰面积>
3	— 子目2	补	刮2厚耐水腻子		m2	TPMHMJ	TPMHMJ<天棚抹灰面积>
4	— 子目3	补	刮耐擦洗白色涂料		m2	TPMHMJ	TPMHMJ<天棚抹灰面积>

图 2-139　棚 A 的属性和做法

2.4.1.2　首层房间组合

从建施 1（首层平面图）可以看出，首层要组合 5 种房间，分别为接待室、办公室、财务处、楼梯间和卫生间，其中楼梯间分为楼梯投影和楼层平台两个房间。

按照对规则的理解，楼梯间装修不考虑楼梯斜跑和休息平台对房间墙面的影响，换句话说，楼梯间装修不考虑楼梯，只考虑地面、踢脚（此处踢脚指的是楼梯间地面处的踢脚，并非楼梯的踢脚）和墙面。

下面分别组合一下首层房间。

（1）组合接待室。单击"房间"→单击"新建"下拉菜单→单击"新建房间"→修改名称为"接待室"→双击进入定义界面→单击"构件类型"下的"楼地面"→单击添加依附构件，将"地 9"添加上去→单击"墙裙"→单击添加依附构件，将"裙 10A1"添加上去→单击"墙面"→单击添加依附构件，将"内墙 5A"添加上去→单击"天棚"→单击添加依附构件，将"棚 2B"添加上去，这样接待室就组合好了。组合好的接待室如图 2-140 所示。

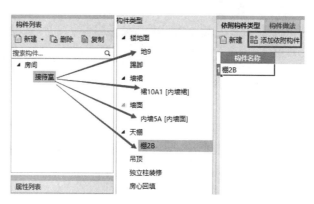

图 2-140　组合好的接待室

（2）组合办公室、财务处。用同样的方法组合办公室、财务处房间，组合好的办公室、财务处如图 2-141 所示。

（3）组合楼梯间（平台位置）。用复制的方法来组合楼梯间（平台位置）房间，单击"复制"，弹出"是否同时复制依附构件"，单击"是"。组合好的楼梯间（平台位置）如图 2-142 所示。

图 2-141　组合办公室、财务处

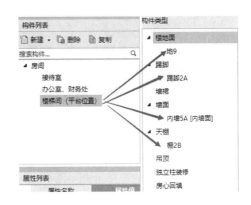

图 2-142　组合楼梯间（平台位置）

（4）组合楼梯间（楼梯位置）。同样用复制的方法来组合楼梯间（楼梯位置）房间，就是把建立好的楼梯间（平台位置）的房间天棚去掉，操作如下。

单击构件列表下建好的房间楼梯间（平台位置）名称→单击"复制"→软件会提示"是否同时复制依附构件"→单击"是"→软件会自动生成名称为"楼梯间（平台位置）-1"的构件→修改构件名称为"楼梯间（楼梯位置）"→单击构件类型下的"棚 B"→单击删除依附构件→弹出"是否删除选择的依附构件吗"→单击"确定"，这样就删除了天棚的做法。复制好的楼梯间（楼梯位置）如图 2-143 所示。

（5）组合卫生间。用新建房间的方式组合一个"卫生间"，组合好的卫生间如图 2-144 所示。

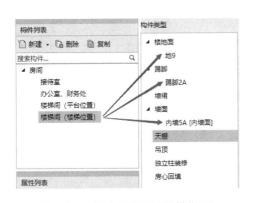

图 2-143　组合楼梯间（楼梯位置）

图 2-144　组合卫生间

2.4.1.3　画首层房间

根据建施 1（首层平面图）来画首层房间。

单击"建模"按钮进入绘图界面→选中"楼梯间（平台位置）"名称→单击"点"按钮→单击"楼梯平台位置"（平台和楼梯分界线可以用虚墙隔开，画虚墙方法在楼梯平台板里已讲过）→单击"点"按钮，这样楼梯平台位置就画好了。

选中"楼梯间（楼梯位置）"名称→单击"点"按钮→单击楼梯间投影面积位置处。画好的楼梯间装修如图 2-145 所示。

用同样的方法画其它房间，画好的所有房间的装修如图 2-146 所示。

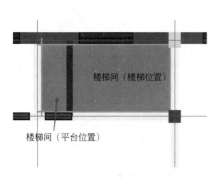

图 2-145　画好的楼梯间装修

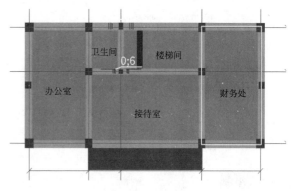

图 2-146　画好的所有房间的装修

2.4.1.4　查看房间装修软件计算结果

首层有好几个房间，按照建施 1 的房间名称一个一个来查看。

（1）接待室装修工程量软件计算结果。首层接待室装修工程量软件计算结果如表 2-27 所示。

表 2-27　首层接待室装修工程量软件计算结果

编码	项目名称	单位	工程量
011102003	块料楼地面	m²	24.021
子目 1	铺 800mm×800mm×10mm 瓷砖，白水泥擦缝	m²	24.021
子目 2	20mm 厚 1∶3 干硬性水泥砂浆黏结层	m²	24.021
子目 3	素水泥一道	m²	24.021
子目 4	20mm 厚 1∶3 水泥砂浆找平	m²	24.021
子目 5	50mm 厚 C15 混凝土垫层	m³	1.2011
子目 6	150mm 厚 3∶7 灰土垫层	m³	3.6032
011204003	块料墙面	m²	15.924
子目 1	饰面油漆刮腻子、磨砂纸、刷底漆两遍，刷聚酯清漆两遍	m²	15.924
子目 2	粘柚木饰面板	m²	15.924
子目 3	12mm 木质基层板	m²	15.924
子目 4	木龙骨（断面 30mm×40mm，间距 300mm×300mm）	m²	15.924
011201001	墙面一般抹灰	m²	39.9165
子目 1	抹灰面刮三遍仿瓷涂料	m²	39.9165
子目 2	5mm 厚 1∶2.5 水泥砂浆找平	m²	37.422
子目 3	9mm 厚 1∶3 水泥砂浆打底扫毛或划出纹道	m²	37.422
011301001	天棚抹灰	m²	22.1796
子目 1	抹灰面刮三遍仿瓷涂料	m²	22.1796
子目 2	2mm 厚 1∶2.5 纸筋灰罩面	m²	22.1796
子目 3	10mm 厚 1∶1∶4 混合砂浆打底	m²	22.1796
子目 4	刷素水泥浆一遍	m²	22.1796

单击"退出"按钮，退出查看构件图元工程量对话框。

温馨提示：上表中块料墙面指的是墙裙。

（2）办公室装修工程量软件计算结果。首层办公室（1～2/A～C 轴）装修工程量软件计算结果如表 2-28 所示。

表 2-28　首层办公室装修工程量软件计算结果

编码	项目名称	单位	工程量
011102003	块料楼地面	m^2	18.565
子目 1	铺 800mm×800mm×10mm 瓷砖，白水泥擦缝	m^2	18.565
子目 2	20mm 厚 1：3 干硬性水泥砂浆黏结层	m^2	18.565
子目 3	素水泥一道	m^2	18.565
子目 4	20mm 厚 1：3 水泥砂浆找平	m^2	18.565
子目 5	50mm 厚 C15 混凝土垫层	m^3	0.9283
子目 6	150mm 厚 3：7 灰土垫层	m^3	2.7848
011105001	水泥砂浆踢脚线	m^2	2.1288
子目 1	8mm 厚 1：2.5 水泥砂浆罩面压实赶光	m^2	2.1288
子目 2	18mm 厚 1：3 水泥砂浆打底扫毛或划出纹道	m^2	2.1288
011201001	墙面一般抹灰	m^2	57.8372
子目 1	抹灰面刮三遍仿瓷涂料	m^2	57.8372
子目 2	5mm 厚 1：2.5 水泥砂浆找平	m^2	56.84
子目 3	9mm 厚 1：3 水泥砂浆打底扫毛或划出纹道	m^2	56.84
011301001	天棚抹灰	m^2	18.5436
子目 1	抹灰面刮三遍仿瓷涂料	m^2	18.5436
子目 2	2mm 厚 1：2.5 纸筋灰罩面	m^2	18.5436
子目 3	10mm 厚 1：1：4 混合砂浆打底	m^2	18.5436
子目 4	刷素水泥浆一遍	m^2	18.5436

单击"退出"按钮，退出查看构件图元工程量对话框。

（3）财务处装修工程量软件计算结果。首层财务处（4～5/A～C 轴）装修工程量软件计算结果如表 2-29 所示。

表 2-29　首层财务处装修工程量软件计算结果

编码	项目名称	单位	工程量
011102003	块料楼地面	m^2	18.565
子目 1	铺 800mm×800mm×10mm 瓷砖，白水泥擦缝	m^2	18.565
子目 2	20mm 厚 1：3 干硬性水泥砂浆黏结层	m^2	18.565
子目 3	素水泥一道	m^2	18.565
子目 4	20mm 厚 1：3 水泥砂浆找平	m^2	18.565
子目 5	50mm 厚 C15 混凝土垫层	m^3	0.9283
子目 6	150mm 厚 3：7 灰土垫层	m^3	2.7848
011105001	水泥砂浆踢脚线	m^2	2.1288
子目 1	8mm 厚 1：2.5 水泥砂浆罩面压实赶光	m^2	2.1288

续表

编码	项目名称	单位	工程量
子目 2	18mm 厚 1∶3 水泥砂浆打底扫毛或划出纹道	m²	2.1288
011201001	墙面一般抹灰	m²	57.8372
子目 1	抹灰面刮三遍仿瓷涂料	m²	57.8372
子目 2	5mm 厚 1∶2.5 水泥砂浆找平	m²	56.84
子目 3	9mm 厚 1∶3 水泥砂浆打底扫毛或划出纹道	m²	56.84
011301001	天棚抹灰	m²	18.5436
子目 1	抹灰面刮三遍仿瓷涂料	m²	18.5436
子目 2	2mm 厚 1∶2.5 纸筋灰罩面	m²	18.5436
子目 3	10mm 厚 1∶1∶4 混合砂浆打底	m²	18.5436
子目 4	刷素水泥浆一遍	m²	18.5436

单击"退出"按钮，退出查看构件图元工程量对话框。

（4）楼梯间装修工程量软件计算结果。汇总结束后，选中楼梯间两个房间→单击查看工程量，首层楼梯间装修工程量软件计算结果如表 2-30 所示。

表 2-30　首层楼梯间装修工程量软件计算结果

编码	项目名称	单位	工程量
011102003	块料楼地面	m²	9.2928
子目 1	铺 800mm×800mm×10mm 瓷砖，白水泥擦缝	m²	9.2928
子目 2	20mm 厚 1∶3 干硬性水泥砂浆黏结层	m²	9.2928
子目 3	素水泥一道	m²	9.2928
子目 4	20mm 厚 1∶3 水泥砂浆找平	m²	9.2928
子目 5	50mm 厚 C15 混凝土垫层	m³	0.4646
子目 6	150mm 厚 3∶7 灰土垫层	m³	1.3939
011105001	水泥砂浆踢脚线	m²	1.4616
子目 1	8mm 厚 1∶2.5 水泥砂浆罩面压实赶光	m²	1.4616
子目 2	18mm 厚 1∶3 水泥砂浆打底扫毛或划出纹道	m²	1.4616
011201001	墙面一般抹灰	m²	41.1744
子目 1	抹灰面刮三遍仿瓷涂料	m²	41.1744
子目 2	5mm 厚 1∶2.5 水泥砂浆找平	m²	40.692
子目 3	9mm 厚 1∶3 水泥砂浆打底扫毛或划出纹道	m²	40.692
011301001	天棚抹灰	m²	2.0088
子目 1	抹灰面刮三遍仿瓷涂料	m²	2.0088
子目 2	2mm 厚 1∶2.5 纸筋灰罩面	m²	2.0088
子目 3	10mm 厚 1∶1∶4 混合砂浆打底	m²	2.0088
子目 4	刷素水泥浆一遍	m²	2.0088

单击"退出"按钮，退出查看构件图元工程量对话框。

（5）卫生间装修工程量软件计算结果。首层卫生间装修工程量软件计算结果见表 2-31 所示。

表 2-31 首层卫生间装修工程量软件计算结果

编码	项目名称	单位	工程量
011102002	碎石材楼地面	m²	3.4608
子目 1	5mm 厚陶瓷锦砖铺实拍平，DTG 擦缝，20mm 厚水泥砂浆黏结层	m²	3.4608
子目 2	20mm 厚水泥砂浆找平层	m²	3.4608
子目 3	1.5mm 厚聚合物水泥基防水涂料（平面）	m²	3.4608
子目 4	1.5mm 厚聚合物水泥基防水涂料（立面）	m²	1.116
子目 5	20mm 厚水泥砂浆找平层	m²	3.4608
子目 6	最厚 50mm、最薄 35mm 厚 C15 细石混凝土从门口处向地漏找坡	m³	0.1471
子目 7	50mm 厚 C15 混凝土垫层	m³	0.173
子目 8	100mm 厚 3∶7 灰土垫层	m³	0.3461
011204003	块料墙面	m²	24.559
子目 1	DTG 砂浆勾缝，5mm 厚釉面砖面层，5mm 厚水泥砂浆黏结层	m²	24.559
子目 2	8mm 厚水泥砂浆打底	m²	23.17
子目 3	水泥砂浆勾实接缝，修补墙面	m²	23.17
011301001	天棚抹灰	m²	3.3696
子目 1	板底 10mm 厚水泥砂浆抹平	m²	3.3696
子目 2	刮 2mm 厚耐水腻子	m²	3.3696
子目 3	刮耐擦洗白色涂料	m²	3.3696

单击"退出"按钮，退出查看构件图元工程量对话框。

2.4.2 室外装修

🎯 **学习目标**

根据装修做法表，从中找出外墙裙的高度、装修做法等信息，准确定义并编辑外墙裙、外墙面的属性，能正确套用外墙裙、外墙面的做法，正确画图并通过软件的汇总计算得出外墙裙、外墙面的装修工程量。

室外装修做法见设计总说明的外墙 27A，具体装修的位置从建施 4、建施 5 的立面图可以看出来，下面先定义这些外墙的属性和做法。

2.4.2.1 定义外墙的属性和做法

（1）定义外墙 27A 的属性和做法。单击"装修"前面的"🔳"使其展开→单击下一级的"墙面"→单击"新建"下拉菜单→单击"新建外墙面"→修改名称为"外墙 27A"。建立好的外墙 27A 的属性和做法如图 2-147 所示。

温馨提示：工程量表达式中墙面抹灰面积不包括门、窗、洞口的侧面保温面积。实际工程中，门、窗、洞口的侧面保温厚度与墙面保温厚度一般是不同的。

（2）定义外墙 27A（外墙裙）的属性和做法。单击"装修"前面的"🔳"使其展开→单击下一级的"墙裙"→单击"新建"下拉菜单→单击"新建外墙裙"→修改名称为"外墙

27A"。建立好的外墙 27A 的属性和做法如图 2-148 所示。

	属性名称	属性值	附加
1	名称	外墙27A	
2	块料厚度(mm)	0	☐
3	所附墙材质	(程序自动判断)	☐
4	内/外墙面标志	外墙面	☑
5	起点顶标高(m)	墙顶标高	☐
6	终点顶标高(m)	墙顶标高	☐
7	起点底标高(m)	墙底标高	☐
8	终点底标高(m)	墙底标高	☐
9	备注		☐
10 ⊞	土建业务属性		
13 ⊞	显示样式		

	编码	类别	名称	项目特征	单位	工程量表达式	表达式说明
1	⊟ 011204003	项	块料墙面	外墙面砖(外墙27A) 1.8厚红色面砖,专用瓷砖粘贴剂粘贴	m2	QMKLMJ	QMKLMJ<墙面块料面积>
2	子目1	补	8厚红色面砖,专用瓷砖粘贴剂粘贴		m2	QMKLMJ	QMKLMJ<墙面块料面积>
3	⊟ 011001003	项	保温隔热墙面	外墙保温(外墙27A) 1.2.5-7厚抹聚合物抗裂砂浆,聚合物抗裂砂浆硬化后铺镀锌钢丝网片 2.满贴50厚硬泡聚氨酯保温层 3.3-5厚粘结砂浆 4.20厚1:3水泥防水砂浆(基层界面或毛化处理)	m2	QMDHMJ	QMDHMJ<墙面抹灰面积>
4	子目1	补	2.5-7厚抹聚合物抗裂砂浆,聚合物抗裂砂浆硬化后铺镀锌钢丝网片		m2	QMDHMJ	QMDHMJ<墙面抹灰面积>
5	子目2	补	满贴50厚硬泡聚氨酯保温层		m2	QMDHMJ	QMDHMJ<墙面抹灰面积>
6	子目3	补	3-5厚粘结砂浆		m2	QMDHMJ	QMDHMJ<墙面抹灰面积>
7	子目4	补	20厚1:3水泥防水砂浆(基层界面或毛化处理)		m2	QMDHMJ	QMDHMJ<墙面抹灰面积>

图 2-147 外墙 27A 的属性和做法

	属性名称	属性值	附加
1	名称	外墙27A	
2	高度(mm)	900	☐
3	块料厚度(mm)	0	☐
4	所附墙材质	(程序自动判断)	☐
5	内/外墙裙标志	外墙裙	☑
6	起点底标高(m)	墙底标高	☐
7	终点底标高(m)	墙底标高	☐
8	备注		☐
9 ⊞	土建业务属性		
12 ⊞	显示样式		

	编码	类别	名称	项目特征	单位	工程量表达式	表达式说明
1	⊟ 011204003	项	块料墙面	贴面砖墙面(外墙27A) 1.8厚面砖,专用瓷砖粘贴剂粘贴	m2	QQKLMJ	QQKLMJ<墙裙块料面积>
2	子目1	补	8厚面砖,专用瓷砖粘贴剂粘贴		m2	QQKLMJ	QQKLMJ<墙裙块料面积>
3	⊟ 011001003	项	保温隔热墙面	1.2.5-7厚抹聚合物抗裂砂浆,聚合物抗裂砂浆硬化后铺镀锌钢丝网片 2.满贴50厚硬泡聚氨酯保温层 3.3-5厚粘结砂浆 4.20厚1:3水泥防水砂浆(基层界面或毛化处理)	m2	QQDHMJ	QQDHMJ<墙裙抹灰面积>
4	子目1	补	2.5-7厚抹聚合物抗裂砂浆,聚合物抗裂砂浆硬化后铺镀锌钢丝网片		m2	QQDHMJ	QQDHMJ<墙裙抹灰面积>
5	子目2	补	满贴50厚硬泡聚氨酯保温层		m2	QQDHMJ	QQDHMJ<墙裙抹灰面积>
6	子目3	补	3-5厚粘结砂浆		m2	QQDHMJ	QQDHMJ<墙裙抹灰面积>
7	子目4	补	20厚1:3水泥防水砂浆(基层界面或毛化处理)		m2	QQDHMJ	QQDHMJ<墙裙抹灰面积>

图 2-148 外墙 27A（外墙裙）的属性和做法

2.4.2.2 画首层外墙装修

（1）画首层外墙裙

① 画外墙裙。单击"建模"按钮，进入绘图界面→在画"墙裙"的状态下→选中"外墙 27A（外墙裙）"名称→单击"点"按钮→分别点每段外墙的外墙皮（要放大了点，否则容易点错位置），如图 2-149 所示。

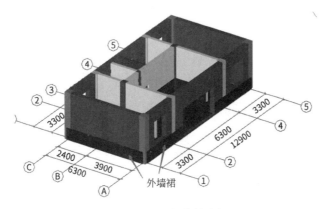

图 2-149 画好的外墙裙

温馨提示： 要在三维状态下检查外墙一周，以免有些部位漏掉。

② 修改外墙裙底标高。现在外墙裙虽然画好了，但是底标高只到−0.05 上，而墙裙的室外标高是−0.45 上，要把外墙 27A（外墙裙）修改到室外标高位置，操作步骤如下。

在画"墙裙"状态下→单击"批量选择"按钮，弹出"批量选择构件图元"对话框→勾选"外墙 27A（外墙裙）"→单击"确定"→修改属性里的"起点底标高和终点底标高"为"墙底标高−0.4"，如图 2-150 所示。

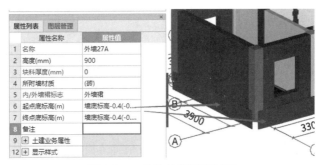

图 2-150 修改外墙裙底标高

温馨提示： 从图纸建施 4 中可以看出，外墙裙的底标高为"−0.45"，软件默认的墙底标高为"墙底标高（−0.05）"，所以要修改标高为"墙底标高−0.4"。

（2）画首层外墙面。在画"墙面"的状态下→选中"外墙 27A"名称→单击"点"按钮→分别点每段外墙的外墙皮（要放大了点，否则容易点错位置），如图 2-151 所示。

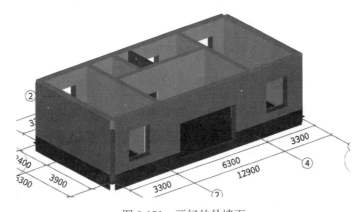

图 2-151 画好的外墙面

温馨提示: 外墙面软件默认的标高是墙底标高,而墙底标高是－0.1,与外墙裙有一定的重复,这个软件会自动扣减的,不用担心。看完三维图后,将图恢复到俯视状态。

(3)画首层阳台栏板装修。在画"墙面"的状态下→选中"外墙27A(外墙裙)"名称→单击"点"按钮→分别点每段阳台栏板的外侧,如图2-152所示。

图2-152 画阳台栏板外侧装修

在画"墙面"的状态下→选中"内墙5A"名称→单击"点"按钮→分别点每段阳台栏板的内侧,如图2-153所示。

图2-153 画阳台栏板内侧装修

根据建施6,阳台装修大样图上看到板的侧面是有装修的,而软件中板的侧面是没有装修的;由于软件默认栏板装修是不能修改标高的,因此需要在表格中输入,做法如下。

单击"工程量"进入主界面→单击"表格输入"按钮,弹出"表格输入"对话框→单击选择"土建"→单击"构件",修改构件名称为"阳台板侧面装修",其属性与做法如图2-154所示。

	属性名称	属性值
1	构件名称	阳台板侧面装修
2	构件类型	其它
3	构件数量	1
4	备注	

	编码	类别	名称	项目特征	单位	工程量表达式	工程量
1	─ 011204003	项	块料墙面	外墙面砖(外墙27A) 8厚面砖,专用瓷砖粘贴剂粘贴	m2	(1.2+6.36+1.2)*0.1	0.876
2	└ 子目1	补	8厚面砖,专用瓷砖粘贴剂粘贴		m2	QDL[清单量]	0.876
3	─ 011001003	项	保温隔热墙面	外墙保温(外墙27A) 1.2.5~7厚抹聚合物抗裂砂浆,聚合物抗裂砂浆硬化后铺镀锌钢丝网片 2.满贴50厚硬泡聚氨酯保温层 3.3~5厚粘结砂浆 4.20厚1:3水泥防水砂浆(基层界面或毛化处理)	m2	(1.2+6.36+1.2)*0.1	0.876
4	└ 子目1	补	2.5~7厚抹聚合物抗裂砂浆,聚合物抗裂砂浆硬化后铺镀锌钢丝网片		m2	QDL[清单量]	0.876
5	└ 子目2	补	满贴50厚硬泡聚氨酯保温层		m2	QDL[清单量]	0.876
6	└ 子目3	补	3~5厚粘结砂浆		m2	QDL[清单量]	0.876
7	└ 子目4	补	20厚1:3水泥防水砂浆(基层界面或毛化处理)		m2	QDL[清单量]	0.876

图2-154 阳台板侧面装修的属性与做法

（4）画首层阳台板底装修。从设计总说明可以看出，阳台板底装修做法只有一个"棚2B"，直接画阳台板底的天棚装修。在画天棚状态下，选中"棚2B"→单击"智能布置"→单击"现浇板"→单击"阳台板"，这样阳台板底天棚装修就布置上了，如图2-155所示。

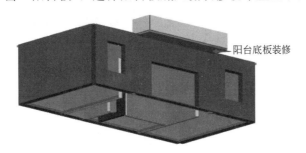

阳台底板装修

图 2-155　画阳台板底装修

看完三维图后，将图恢复到俯视状态。

2.4.2.3　查看外墙装修软件计算结果

首层外装修一共有 4 个工程量，为了与手工对量方便，也便于自查，分别来对量。

（1）查看外墙 27A（外墙裙）软件计算结果。在画"墙裙"的状态下，单击"选择"按钮→单击"批量选择"按钮，弹出"批量选择构件图元"对话框→勾选"外墙27A（外墙裙）"→单击"确定"→单击"查看工程量"按钮→单击"做法工程量"。外墙27A（外墙裙）软件计算结果如表2-32所示。

表 2-32　外墙 27A（外墙裙）软件计算结果

编码	项目名称	单位	工程量
011204003	块料墙面	m^2	34.595
子目 1	8mm 厚面砖，专用瓷砖黏结剂粘贴	m^2	32.495
011001003	保温隔热墙面	m^2	34.41
子目 1	2.5～7mm 厚抹聚合物抗裂砂浆，聚合物抗裂砂浆硬化后铺镀锌钢丝网片	m^2	32.622
子目 2	满贴 50mm 厚硬泡聚氨酯保温层	m^2	32.622
子目 3	3～5mm 厚黏结砂浆	m^2	32.622
子目 4	20mm 厚 1：3 水泥防水砂浆（基层界面或毛化处理）	m^2	32.622

单击"退出"按钮，退出查看构件图元工程量对话框。

（2）查看外墙 27A 软件计算结果。在画"墙面"的状态下，单击"选择"→单击"批量选择"，弹出"批量选择构件图元"对话框→勾选"外墙27A"→单击"确定"→单击"查看工程量"→单击"做法工程量"。外墙27A软件计算结果如表2-33所示。

表 2-33　外墙 27A 软件计算结果

编码	项目名称	单位	工程量
011204003	块料墙面	m^2	119.8405
子目 1	8mm 厚面砖，专用瓷砖黏结剂粘贴	m^2	119.8405
011001003	保温隔热墙面	m^2	111.534
子目 1	2.5～7mm 厚抹聚合物抗裂砂浆，聚合物抗裂砂浆硬化后铺镀锌钢丝网片	m^2	111.534
子目 2	满贴 50mm 厚硬泡聚氨酯保温层	m^2	111.534
子目 3	3～5mm 厚黏结砂浆	m^2	111.534
子目 4	20mm 厚 1：3 水泥防水砂浆（基层界面或毛化处理）	m^2	111.534

单击"退出",退出查看构件图元工程量对话框。

（3）查看阳台底板天棚软件计算结果。汇总结束后，在画"天棚"的状态下，单击"选择"→选中画好的阳台底板天棚→单击"查看工程量"→单击"做法工程量"。阳台底板天棚的软件计算结果如表 2-34 所示。

表 2-34　阳台底板天棚的软件计算结果

编码	项目名称	单位	工程量
011301001	天棚抹灰	m^2	7.632
子目 1	抹灰面刮两遍仿瓷涂料	m^2	7.632
子目 2	2mm 厚 1∶2.5 纸筋灰罩面	m^2	7.632
子目 3	10mm 厚 1∶1∶4 混合砂浆打底	m^2	7.632
子目 4	刷素水泥浆一遍	m^2	7.632

单击"退出",退出查看构件图元工程量对话框。

2.5　首层其它工程量计算

学习目标

准确定义并编辑首层建筑面积及平整场地的属性，能正确套用建筑面积及平整场地的做法，正确画图并通过软件的汇总计算得出首层建筑面积及平整场地的工程量。

首层建筑面积包括外墙皮以内的建筑面积、阳台建筑面积和雨篷建筑面积，根据现行的建筑面积计算规则，外墙保温层也要计算建筑面积，阳台按照外围面积的一半来计算建筑面积，雨篷外边线距离外墙外边线超过 2.1m 者，按照雨篷板面积的一半计算建筑面积。

平整场地是土方开挖之前的一项项工作，这个工程量清单规则全国各地规则不一样，2013 版清单规定是按首层建筑面积计算。

2.5.1　定义建筑面积

单击"其它"前面的"➕"使其展开→单击下一级的"建筑面积"→单击"新建"下拉菜单→单击"新建建筑面积"→修改名称为"建筑面积"。修改好的建筑面积属性，如图 2-156 所示。

在定义建筑面积的构件做法时，需要进行"添加清单"→单击"添加清单"→在"编码"中输入 B001→"名称"输入"建筑面积"。定义好的建筑面积构件做法。如图 2-157 所示。

图 2-156　定义建筑面积　　　　　　　　　图 2-157　建筑面积构件做法

2.5.2　画建筑面积

在画"建筑面积"的状态下，选中"建筑面积"名称→单击"点"→单击墙内部任意一点，软件会自动布置好建筑面积，如图 2-158 所示。

这时候建筑面积在外墙皮的位置，需要建筑面积偏移到外墙保温外皮，即外放 50mm，操作步骤如下。

单击"选择"→单击画好的建筑面积→单击"偏移"→将鼠标往外拉，填写偏移值"50"→敲回车，这样建筑面积就布置好了，如图 2-159 所示。

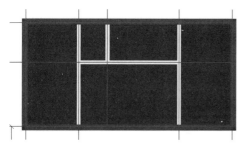

图 2-158　画好的建筑面积

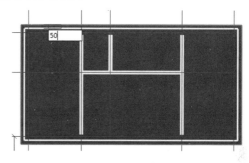

图 2-159　偏移建筑面积

2.5.3　查看建筑面积软件汇总结果

汇总结束后，单击"查看工程量"→选择"建筑面积"，弹出"查看构件图元工程量"对话框→单击"查看工程量"。建筑面积工程量汇总如表 2-35 所示。

表 2-35　建筑面积工程量汇总表

编码	项目名称	单位	工程量
B001	建筑面积	m²	93.15
子目 1	定额建筑面积	m²	93.15
010801001	平整场地	m²	93.15
子目 1	平整场地	m²	93.15

单击"退出"，退出查看构件图元工程量对话框。

第 3 章　二层工程量计算

 任务引导

请大家先熟悉一下二层图纸，并从图纸中找出下列信息：本案例二层构件的基本信息，二层平面图以及二层主要构件（柱、梁、板）的平法配筋图。

3.1　二层要计算哪些工程量

在画构件之前，列出二层要计算的构件，如图 3-1 所示。

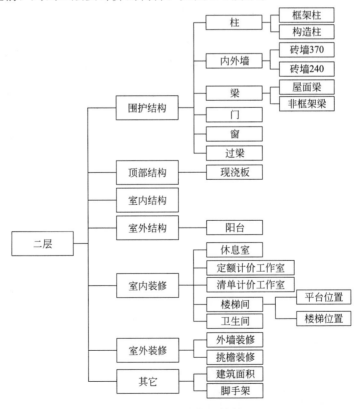

图 3-1　二层的主要构件

3.2　二层主体结构工程量计算

3.2.1　将首层画好的构件复制到二层

学习目标

　　掌握软件的更多功能，为更简便地掌握二层构件的工程量，二层的构件和首层很多相同或类似，首层已经建好的构件能复制尽量复制，不能复制的才重新建立，或者复制上去进行修改，这样会大大提高工作效率。

　　二层的平面图见建施2，从平面图里可以看出，二层和首层类似，只是层高不同。经过分析，柱、墙、门窗洞可以复制上来，其余进行部分复制与修改。

　　将楼层从"首层"切换到"第2层"→单击"从其它楼层复制构件图元"，弹出"从其它楼层复制图元"对话框→在图元选择框空白处单击右键→单击全部展开→取消下列构件前的"√"，分别是所有梁、板、楼梯、装修、其它，如图3-2所示。

图 3-2　从首层复制构件

　　单击"确定"，弹出提示对话框→单击"确定"，这样首层构件就复制到二层了。

3.2.2 画二层梁

能看懂屋面梁的平法配筋图，并从中找出屋面梁的截面尺寸、屋面梁的集中标注与原位标注、肢数等信息，准确定义并编辑屋面梁的属性，正确套屋面梁的做法，准确画图，并汇总计算得出屋面梁的混凝土、模板及钢筋的工程量。

3.2.2.1 定义屋面梁

单击"梁"前面的"■"将其展开→单击下一级"梁"→单击"构件列表"下的"新建"下拉菜单→单击"新建矩形梁"，将"KL-1"改为"WKL1"，截面宽度改为"370"，截面高度改为"650"，"箍筋"修改为"Φ8@100/200（4）"，"肢数"修改为"4"，"上部通长筋"修改为"4Φ25"，"侧面构造或受扭筋"修改为"G4Φ16"。WKL1 的属性及做法如图 3-3 所示。

属性列表

	属性名称	属性值	附加
1	名称	WKL1	
2	结构类别	屋面框架梁	☐
3	跨数量	3	☐
4	截面宽度(mm)	370	☐
5	截面高度(mm)	650	☐
6	轴线距梁左边线...	(185)	☐
7	箍筋	Φ8@100/200(4)	☐
8	肢数	4	
9	上部通长筋	4Φ25	☐
10	下部通长筋		☐
11	侧面构造或受扭...	G4Φ16	☐
12	拉筋	(Φ8)	
13	材质	现浇混凝土	☐
14	混凝土类型	(现浇混凝土 碎...	☐
15	混凝土强度等级	(C25)	☐

编码	类别	名称	项目特征	单位	工程量表达式	表达式说明
1 ⊟ 010503002	项	矩形梁	1.混凝土种类:预拌 2.混凝土强度等级:C25	m3	TJ	TJ〈体积〉
2 ─ 子目1	补	框架梁体积		m3	TJ	TJ〈体积〉
3 ⊟ 011702006	项	矩形梁	普通模板	m2	MBMJ	MBMJ〈模板面积〉
4 ─ 子目1	补	框架梁模板面积		m2	MBMJ	MBMJ〈模板面积〉
5 ─ 子目2	补	框架梁超高模板面积		m2	CGMBMJ	CGMBMJ〈超高模板面积〉

图 3-3　WKL1 的属性及做法

单击"WKL1"，点击"复制"（四次），软件会自动生成 WKL2、WKL3、WKL4、WKL5，根据结施 6 中的具体信息修改截面尺寸与钢筋信息，其它不变。定义好的 WKL2、WKL3、WKL4、WKL5 的属性如图 3-4 所示。

	属性名称	属性值	附加
1	名称	WKL2	
2	结构类别	屋面框架梁	☐
3	跨数量	1	☐
4	截面宽度(mm)	370	☐
5	截面高度(mm)	650	☐
6	轴线距梁左边线	(185)	☐
7	箍筋	Φ8@100/200(4)	☐
8	肢数	4	
9	上部通长筋	4Φ25	☐
10	下部通长筋	4Φ25	☐
11	侧面构造或受扭...	G4Φ16	☐
12	拉筋	(Φ8)	
13	材质	现浇混凝土	☐
14	混凝土类型	(现浇混凝土 碎...	☐
15	混凝土强度等级	(C25)	☐

属性列表

	属性名称	属性值	附加
1	名称	WKL3	
2	结构类别	屋面框架梁	☐
3	跨数量	3	☐
4	截面宽度(mm)	370	☐
5	截面高度(mm)	650	☐
6	轴线距梁左边线...	(185)	☐
7	箍筋	Φ8@100/200(4)	☐
8	肢数	4	
9	上部通长筋	2Φ25+(2Φ12)	☐
10	下部通长筋		☐
11	侧面构造或受扭...	G4Φ16	☐
12	拉筋	(Φ8)	
13	材质	现浇混凝土	☐
14	混凝土类型	(现浇混凝土 碎...	☐
15	混凝土强度等级	(C25)	☐

属性列表

	属性名称	属性值	附加
1	名称	WKL4	
2	结构类别	屋面框架梁	☐
3	跨数量	2	☐
4	截面宽度(mm)	240	☐
5	截面高度(mm)	500	☐
6	轴线距梁左边线...	(120)	☐
7	箍筋	Φ8@100/200(2)	☐
8	肢数	2	
9	上部通长筋	2Φ22	☐
10	下部通长筋		☐
11	侧面构造或受...		☐
12	拉筋		
13	材质	现浇混凝土	☐
14	混凝土类型	(现浇混凝土 碎石5...	☐
15	混凝土强度等级	(C25)	☐

属性列表

	属性名称	属性值	附加
1	名称	WKL5	
2	结构类别	屋面框架梁	☐
3	跨数量	1	☐
4	截面宽度(mm)	240	☐
5	截面高度(mm)	500	☐
6	轴线距梁左边...	(120)	☐
7	箍筋	Φ8@100/200(2)	☐
8	肢数	2	
9	上部通长筋	4Φ22	☐
10	下部通长筋	4Φ22	☐
11	侧面构造或受...		☐
12	拉筋		
13	材质	现浇混凝土	☐
14	混凝土类型	(现浇混凝土 碎石5...	☐

图 3-4　定义 WKL2、WKL3、WKL4、WKL5 的属性

L1 也可以用复制的方法，只是要把类别改为非框架梁，修改好的 L1 如图 3-5 所示。

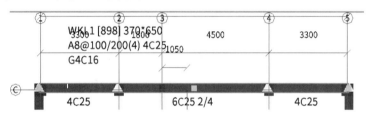

图 3-5　修改好的 L1

3.2.2.2　画屋面梁

（1）先把梁画到轴线上。根据结施 6，将二层的屋面梁画到轴线上，选中"WKL1"名称→单击 1/C 交点→单击 5/C 交点→单击右键结束→单击"原位标注"→单击选中梁，进行标注。画好的 WKL1 如图 3-6 所示。

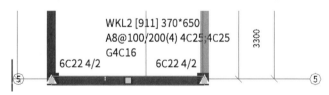

图 3-6　画好的 WKL1

选中"WKL2"名称→单击 5/A 交点→单击 5/C 交点→单击右键结束，其原位标注中"跨左支座筋"为"6C22 4/2"，"跨右支座筋"为"6C22 4/2"，参照图纸输入即可，如图 3-7 所示。

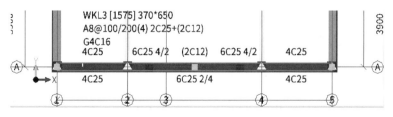

图 3-7　画好的 WKL2

选中"WKL2"名称→单击 1/A 交点→单击 1/C 交点→单击右键结束→单击"原位标注"→单击选中梁，右键结束即可（此原位标注不需要输入）。

选中"WKL3"名称→单击 1/A 交点→单击 5/A 交点→单击右键结束，其原位标注与WKL1 的操作相似，参照图纸输入即可，如图 3-8 所示。

图 3-8　画好的 WKL3

选中"WKL4"名称→单击 2/A 交点→单击 2/C 交点→单击右键结束，其原位标注与 WKL1 的操作相似，参照图纸输入即可，如图 3-9 所示。

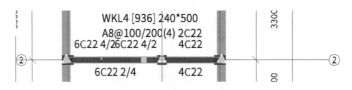

图 3-9　画好的 WKL4

选中"WKL4"名称→单击 4/A 交点→单击 4/C 交点→单击右键结束→单击"原位标注"→单击选中梁，右键结束即可（此原位标注不需要输入）。

选中"WKL5"名称→单击 2/B 交点→单击 4/B 交点→单击右键结束，其原位标注与 WKL1 的操作相似，参照图纸输入即可，如图 3-10 所示。

选中"L1"名称→单击 3/B 交点→单击 3/C 交点→单击右键结束→单击"原位标注"→单击选中梁，右键结束即可（参照图纸 L1 没有原位标注，所以不用输入，在空白处单击鼠标右键即可），如图 3-11 所示。

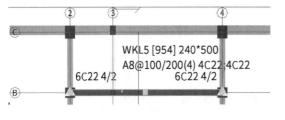

图 3-10　画好的 WKL5

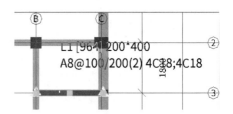

图 3-11　画好的 L1

温馨提示：如果图中已画好同名称梁，软件会自动查找同名称梁的原位标注，不需另外输入。

画好的所有屋面梁，如图 3-12 所示。

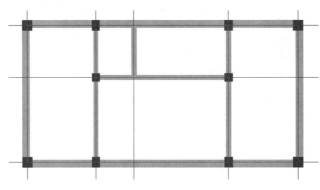

图 3-12　画好的所有屋面梁

（2）画次梁加筋。根据结构设计总说明，主梁和次梁相交的位置需要设置次梁加筋。

单击图"建模"按钮，进入主界面→单击"生成吊筋"进入界面→在"次梁加筋"处输入"6"→单击"选择楼层"→单击选择"第 2 层（当前楼层）"→单击确定，如图 3-13 所示。

生成好的次梁加筋如图 3-14 所示。

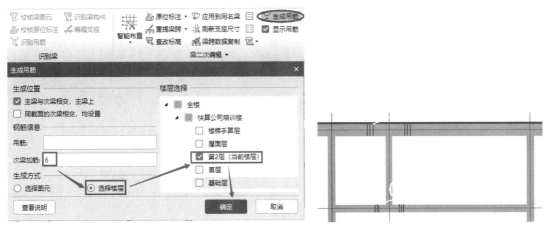

图 3-13　定义次梁加筋图　　　　　　　　　图 3-14　画好的次梁加筋

（3）对齐屋面梁。屋面梁已经画到轴线上，但与图纸并不相符，要按照图纸要求与柱子外皮对齐，操作步骤与首层相似，对齐好的梁如图 3-15 所示。

（4）延伸屋面梁。这时屋面梁虽然已经偏移到图纸要求的位置，但梁与梁之间并没有相交到中心线，因此将屋面梁进行延伸，延伸好的屋面梁如图 3-16 所示。

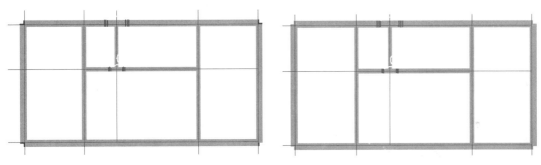

图 3-15　对齐好的屋面梁　　　　　　　　　图 3-16　延伸好的屋面梁

3.2.2.3　查看二层屋面梁的软件计算结果

（1）屋面梁混凝土工程量。汇总结束后，查看二层屋面梁的混凝土工程量，软件计算结果如表 3-1 所示。

表 3-1　二层屋面梁工程量汇总表

编码	项目名称	单位	工程量
010503002	矩形梁	m³	10.3734
子目 1	框架梁体积	m³	10.3734
011702006	矩形梁	m²	78.632
子目 1	框架梁模板面积	m²	78.632
子目 2	框架梁超高模板面积	m²	30.756
010503002	矩形梁（L1）	m³	0.2074
子目 1	非框架梁体积	m³	0.2074
011702006	矩形梁（L1）	m²	2.2464
子目 1	非框架梁模板面积	m²	2.2464
子目 2	非框架梁超高模板面积	m²	1.296

单击"退出"，退出查看构件图元工程量对话框。

（2）屋面梁钢筋工程量。单击"工程量"进入主界面→单击"查看钢筋量"，拉框选择所有画好的梁，弹出"查看钢筋量"对话框，可得到屋面梁的钢筋工程量，如表 3-2 所示。

表 3-2　屋面梁钢筋工程量汇总表

构件名称	构件数量	钢筋总质量/kg	HPB300/kg		HRB400/kg					
			8mm	合计	12mm	16mm	18mm	22mm	25mm	合计
WKL1	1	811.895	160.036	160.036		81.4			570.459	651.859
WKL2	2	409.956	67.404	67.404		39.688		103.06	199.804	342.552
WKL3	1	853.637	151.132	151.132	4.024	81.4			617.081	702.505
WKL4	2	280.494	25.628	25.628				247.936	6.93	254.866
WKL5	1	234.628	25.628	25.628				205.92	3.08	209
L1	1	56.202	9.306	9.306			46.896			46.896
合计		3337.262	532.166	532.166	4.024	242.176	46.896	907.912	1604.088	2805.096
钢筋总质量/kg：3337.262										

单击右上角的"×"按钮，退出查看钢筋量对话框。

3.2.3　画二层板

🎯 **学习目标**

　　能看懂二层板的平法配筋图，并从中找出板的种类、厚度、受力筋、板跨板受力筋、负筋、马凳筋等信息，准确定义并编辑二层板的属性，正确套二层板的做法，准确画图，并汇总计算并得出二层板的混凝土、模板及钢筋工程量。

从结施 7 可得出，二层板包括 LB1、LB2 与挑檐板，其钢筋分布不同，下面来定义这些板。

3.2.3.1　画板屋面板

（1）定义板 LB1、LB2。单击"从其它楼层复制构件"，复制 LB1-100、LB2-100，如图 3-17 所示。

图 3-17　从首层复制 LB1-100、LB2-100

（2）画板 LB1、LB2。利用点的方式对板进行布置，并将板延伸至墙梁边，如图 3-18 所示。

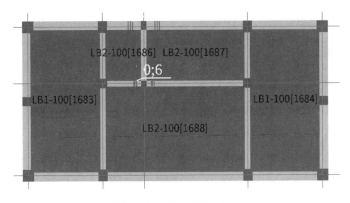

图 3-18　画板 LB1、LB2

3.2.3.2　画挑檐板

（1）定义挑檐板。单击"板"前面的"+"使其展开→单击下一级的"现浇板"→单击新建下拉菜单→单击"新建现浇板"→修改板的名称为"挑檐板 100"。挑檐板 100 的属性和做法如图 3-19 所示。

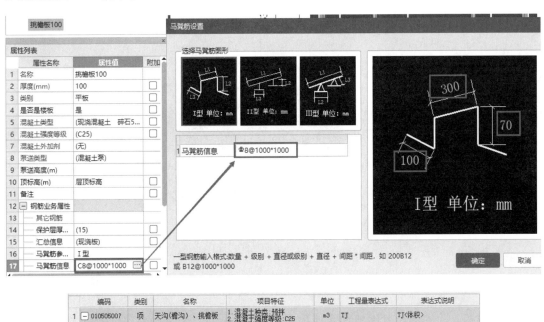

图 3-19　挑檐板 100 的属性和做法

（2）做挑檐外皮辅助轴线。除雨篷板，其它部位外挑均为挑檐板，而从结施 8（挑檐详图）可以看出，挑檐板外皮距离墙体外皮为 600mm，先做辅助轴线。

轴线到外墙皮为 250mm，挑檐板外皮距离墙体外皮为 600mm，所以轴线向外做

850mm 辅助轴线，并进行延伸。再做一条距离 A 轴为 1450mm 的辅助轴线，做好的辅助轴线如图 3-20 所示。

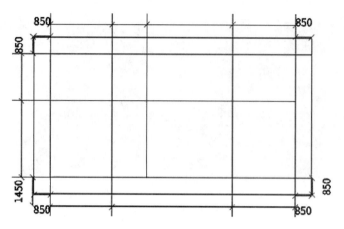

图 3-20　做好的辅助轴线

（3）画挑檐板。在画"板"的界面里，点击"挑檐板 100"→单击屏幕上方"矩形"→单击 1 轴/C 轴左上角的辅轴交点→单击 4 轴/A 轴右下角的辅轴交点，这样挑檐板就绘制完毕，绘制完毕后将挑檐板进行合并，合并后的挑檐板如图 3-21 所示。

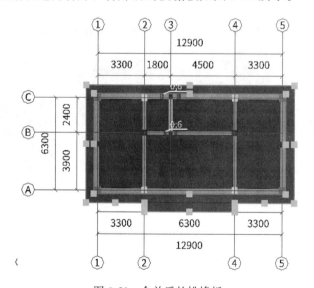

图 3-21　合并后的挑檐板

温馨提示：①挑檐与外墙内现浇板及雨篷板的扣减，软件自动处理；②挑檐板画好后，删除相应的辅助轴线使界面更清晰。

3.2.3.3　二层板钢筋布置

（1）受力筋。单击"板"前面的"⊞"使其展开→单击下一级的"板受力筋"→单击"新建"下拉菜单→单击新建"板受力筋"→在属性列表内修改名称为"D-C12@150（D 表示底筋）"→修改钢筋信息为"⊈12@150"如图 3-22 所示。

用复制的方法建立"D-C10@200"的属性，如图 3-23 所示。

	属性名称	属性值	附加
1	名称	D-C12@150	
2	类别	底筋	☐
3	钢筋信息	⏀12@150	☐
4	左弯折(mm)	(0)	☐
5	右弯折(mm)	(0)	☐
6	备注		☐
7	⊞ 钢筋业务属性		
16	⊞ 显示样式		

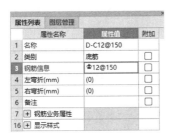

图 3-22　定义 D-C12@150 的属性

	属性名称	属性值	附加
1	名称	D-C10@200	
2	类别	底筋	☐
3	钢筋信息	⏀10@200	☐
4	左弯折(mm)	(0)	☐
5	右弯折(mm)	(0)	☐
6	备注		☐
7	⊞ 钢筋业务属性		
16	⊞ 显示样式		

图 3-23　定义 D-C10@200 的属性

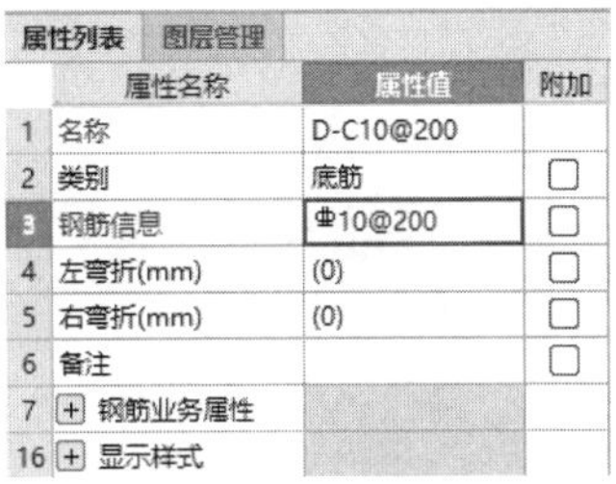

单击“建模”进入绘图界面→单击“布置受力筋”→单击选择“单板”→单击选择“XY 方向”进入“智能布置”对话框→选择“底筋”X 方向为“D-C12@150”，Y 方向为“D-C10@200”，如图 3-24 所示。

在“现浇板”的状态下→单击 1～2/A～C 区域内任意一点，这样 1～2/A～C 区域板的受力筋就布置完毕，用此方法布置所有的 LB1 与 LB2，如图 3-25 所示。

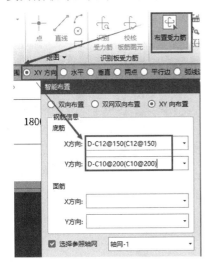

图 3-24　设置板的受力筋

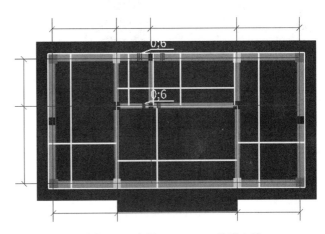

图 3-25　布置 LB1、LB2 的受力筋

(2) 跨板受力筋。单击“板”前面的“▪”使其展开→单击下一级的“跨板受力筋”→单击“新建”下拉菜单→单击“新建跨板受力筋”→在属性列表内修改名称为“①C8@100”→修改钢筋信息为“⏀ 8@100”→修改左标注为“920”，右标注为“0”，如图 3-26 所示。

用复制的方法建立“③C8@100”，根据图纸修改其属性，如图 3-27 所示。

	属性名称	属性值	附加
1	名称	①C8@100	
2	类别	面筋	☐
3	钢筋信息	⏀8@100	☐
4	左标注(mm)	920	☐
5	右标注(mm)	0	☐
6	马凳筋排数	1/0	☐
7	标注长度位置	(支座中心线)	☐
8	左弯折(mm)	(0)	☐
9	右弯折(mm)	(0)	☐
10	分布钢筋	(⏀8@200)	☐
11	备注		☐
12	⊞ 钢筋业务属性		
21	⊞ 显示样式		

图 3-26　定义①C8@100 的属性

	属性名称	属性值	附加
1	名称	③C8@100	
2	类别	面筋	☐
3	钢筋信息	⏀8@100	☐
4	左标注(mm)	1200	☐
5	右标注(mm)	0	☐
6	马凳筋排数	2/0	☐
7	标注长度位置	(支座中心线)	☐
8	左弯折(mm)	(0)	☐
9	右弯折(mm)	(0)	☐
10	分布钢筋	(⏀8@200)	☐
11	备注		☐

图 3-27　定义③C8@100 的属性

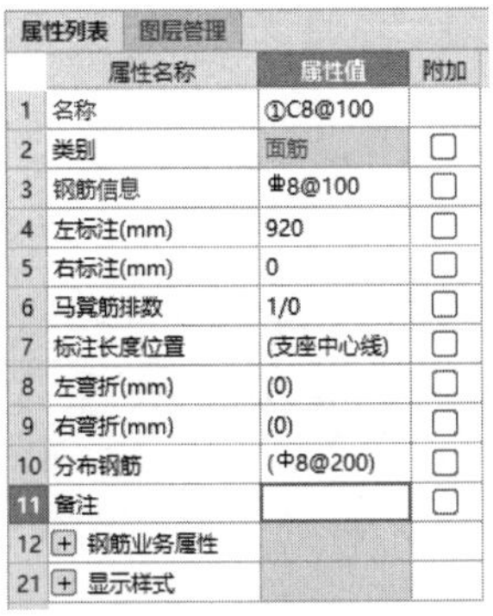

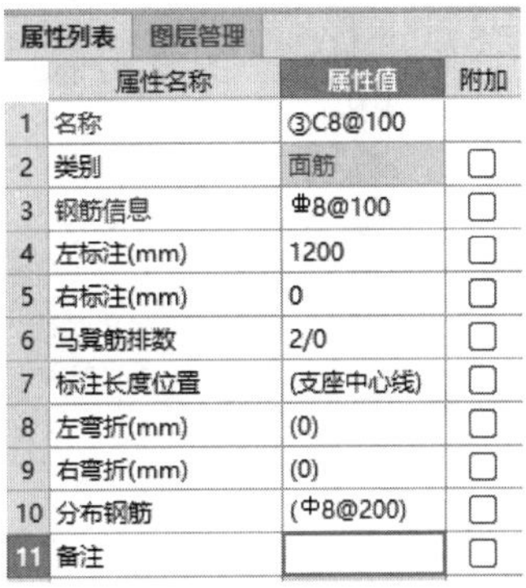

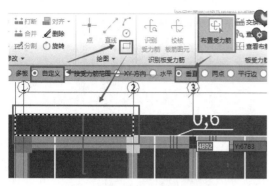

图 3-28 布置垂直跨板受力筋

在画"跨板受力筋①C8@100"的状态下,单击"建模"进入绘图界面→单击"布置受力筋"→单击选择"垂直"→单击选择"自定义"→选择绘图下的"矩形□"→选择①轴到②轴之间的区域进行布置,如图 3-28 所示。

在布置 A 轴-C 轴的跨板受力筋时,选择"水平",其余布置方式一致,如图 3-29 所示。

利用"交换标注",将跨板受力筋进行转换,如图 3-30 所示。

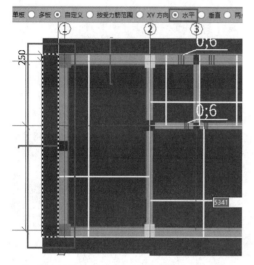

图 3-29 布置水平跨板受力筋

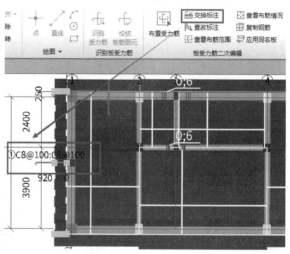

图 3-30 交换水平跨板受力筋标注

根据结施 7 布置板的跨板受力筋,如图 3-31 所示。

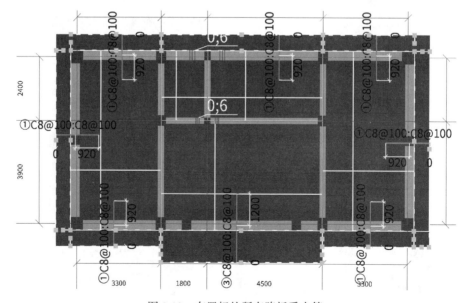

图 3-31 布置好的所有跨板受力筋

（3）负筋。根据结施 7 定义板负筋，单击"板"前面的"■＋■"使其展开→单击下一级的"板负筋"→单击新建，"新建板负筋"→在属性列表内修改名称为"②C8＠150"→修改钢筋信息为"Φ8＠150"→修改左标注为"900"，右标注为"900"，如图 3-32 所示。

在画"板负筋"的状态下，选中"②C8＠150"名称→单击"按梁布置"按钮→单击 2 轴、4 轴、B 轴的梁，即可布置板负筋，如图 3-33 所示。

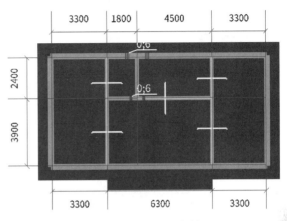

图 3-32　定义②C8＠150 的属性　　　　　　　　图 3-33　布置板负筋

（4）放射筋。根据结施 7 可得，挑檐板上有放射筋，放射筋长度＝板厚－2×保护层＋1800＋板厚－2×保护，放射筋利用表格输入进行设置。

单击"表格输入"→单击"构件"→修改名称为"放射筋"→修改"构件数量"为 4→输入钢筋的直径、级别、根数等信息，如图 3-34 所示。

属性名称	属性值
1 构件名称	放射筋
2 构件类型	其它
3 构件数量	4
4 预制类型	现浇
5 汇总信息	其它
6 备注	
7 构件总重量(kg)	33.516

	筋号	级别	图号	图形	计算公式	公式描述	长度	根数	搭接	损耗(%)	单重(kg)	总重(kg)
1	1	Φ	1	L	100-2*15+1800+100-2*15		1940	7	0	0	1.197	8.379

图 3-34　定义挑檐板的放射筋

温馨提示：挑檐板的板上筋用跨板受力筋处理的，放射筋布置在板阳角位置，从图纸中可以看出共 4 个阳角，因此，设置构件数量为 4。

3.2.3.4　画挑檐栏板

（1）定义挑檐栏板。单击"其它"前面的"■＋■"使其展开→单击下一级的"栏板"→单击新建下拉菜单→单击"新建矩形栏板"→修改栏板名称为"挑檐栏板"→填写挑檐栏板的属性和做法，如图 3-35 所示。

温馨提示：从结施 8 阳台挑檐栏板详图可以计算出，挑檐栏板的水平筋根数＝300－100（挑檐板厚度）/200（向上取整）＋1＝2；挑檐栏板的垂直筋长度＝60－2×15＋300－2×15＋60－2×15＝330（mm）。

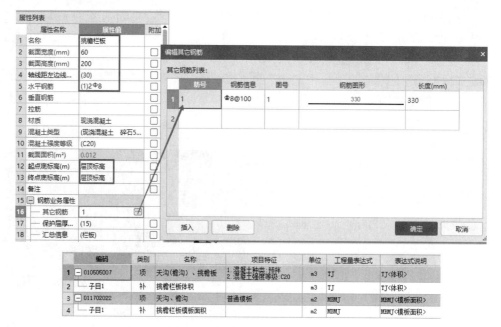

图 3-35　挑檐栏板的属性和做法

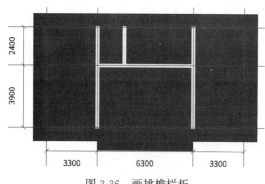

图 3-36　画挑檐栏板

（2）画挑檐栏板。利用直线，在挑檐板的边缘对挑檐栏板进行布置，挑檐板要与栏板的外边线一致，布置好的挑檐栏板如图 3-36 所示。

温馨提示：挑檐栏板外边线和挑檐板外边线平齐，因此，如果以挑檐外边线为中心线画的挑檐栏板，需要对此进行往里 30mm 的偏移。

3.2.3.5　查看屋面板的软件计算结果

（1）屋面板混凝土工程量。汇总结束后，查看二层屋面板的混凝土工程量，软件计算结果如表 3-3 所示。

表 3-3　二层屋面板的混凝土工程量汇总表

编码	项目名称	单位	工程量
010505003	平板	m³	7.184
子目 1	板体积	m³	8.9
011702016	平板	m²	71.5976
子目 1	板模板面积	m²	71.5976
子目 2	板超高模板面积	m²	71.5976
010505007	天沟（檐沟）、挑檐板	m³	2.946
子目 1	挑檐板体积	m³	2.946
011702022	天沟、檐沟	m²	34.1
子目 1	挑檐板模板面积	m²	29.46

单击"退出"，退出查看构件图元工程量对话框。

（2）屋面板马凳筋工程量。单击"工程量"进入主界面→单击"查看钢筋量"按钮，拉框选择所有画好的板，弹出"查看钢筋量"对话框，可得到二层屋面板的钢筋量（马凳筋），如表3-4所示。

表3-4　二层屋面板钢筋量（马凳筋）汇总表

构件名称	构件数量	钢筋总质量/kg	HRB400/kg	
			8mm	合计
LB1-100	1	3.289	3.289	3.289
LB1-100	1	5.313	5.313	5.313
LB2-100	1	8.096	8.096	8.096
LB2-100	1	3.795	3.795	3.795
LB2-100	1	2.277	2.277	2.277
挑檐板100	1	7.59	7.59	7.59
合计		30.36	30.36	30.36

钢筋总质量/kg：30.36

单击右上角的"×"按钮，退出查看钢筋量对话框。

（3）屋面板受力筋工程量。在画板受力筋的状态下，单击"工程量"进入主界面→单击"查看钢筋量"，拉框选择所有板受力筋，弹出"查看钢筋量对话框"，可得到二层屋面板受力筋的工程量，如表3-5所示。

表3-5　二层屋面板受力筋工程量汇总表

构件名称	构件数量	钢筋总质量/kg	HPB300/kg		HRB400/kg			
			8mm	合计	8mm	10mm	12mm	合计
D-C12@150	2	122.508					122.508	122.508
D-C12@150	1	23.97					23.97	23.97
D-C12@150	1	59.94					59.94	59.94
D-C12@150	1	139.85					139.85	139.85
D-C10@200	2	63.472				63.472		63.472
D-C10@200	1	12.168				12.168		12.168
D-C10@200	1	33.462				33.462		33.462
D-C10@200	1	75.826				75.826		75.826
①C8@100	4	32.072	7.734	7.734	24.338			24.338
①C8@100	2	64.061	17.601	17.601	46.46			46.46
①C8@100	1	60.354	16.157	16.157	44.197			44.197
③C8@100	1	92.584	26.07	26.07	66.514			66.514
合计		1126.524	108.365	108.365	300.983	248.4	468.776	1018.159

钢筋总质量/kg：1126.524

单击右上角的"×"按钮，退出查看钢筋量对话框。

（4）屋面板负筋工程量。二层屋面板负筋的工程量，如表3-6所示。

表 3-6   二层屋面板负筋工程量汇总表

构件名称	构件数量	钢筋总质量/kg	HPB300/kg		HRB400/kg	
			8mm	合计	8mm	合计
②C8@150	2	16.975	5.015	5.015	11.96	11.96
②C8@150	2	30.01	10.39	10.39	19.62	19.62
②C8@150	1	48.904	18.09	18.09	30.814	30.814
合计		142.874	48.9	48.9	93.974	93.974
钢筋总质量/kg：142.874						

单击右上角的"×"按钮，退出查看钢筋量对话框。

3.2.3.6   挑檐栏板的软件计算结果

（1）挑檐栏板混凝土工程量。汇总结束后，查看二层挑檐栏板的混凝土工程量，软件计算结果如表 3-7 所示。

表 3-7   二层挑檐栏板工程量汇总表

编码	项目名称	单位	工程量
010505007	天沟（檐沟）、挑檐板	m³	0.554
子目 1	挑檐栏板体积	m³	0.554
011702022	天沟、檐沟	m²	18.464
子目 1	挑檐栏板模板面积	m²	18.464

单击"退出"按钮，退出查看构件图元工程量对话框。

（2）挑檐栏板钢筋工程量。二层挑檐栏板的钢筋工程量软件计算结果如表 3-8 所示。

表 3-8   二层挑檐栏板的钢筋工程量汇总表

构件名称	构件数量	钢筋总质量/kg	HPB300/kg		HRB400/kg	
			8mm	合计	8mm	合计
挑檐栏板	2	16.826	6.296	6.296	10.53	10.53
挑檐栏板	2	8.892	3.302	3.302	5.59	5.59
挑檐栏板	2	1.408	0.498	0.498	0.91	0.91
挑檐栏板	1	13.274	4.954	4.954	8.32	8.32
挑檐栏板	1	30.968	11.858	11.858	19.11	19.11
合计		98.494	37.004	37.004	61.49	61.49
钢筋总质量/kg：98.494						

单击右上角的"×"按钮，退出查看钢筋量对话框。

3.3   二层二次结构工程量计算

3.3.1   修改二层门

学习目标

根据二层平面图与门窗表对二层门窗进行检查，并对 MC-1 进行修改。

从建施 2 和建施 1 比较可知，除了首层门 M-1 到二层换成门联窗 MC-1 以外，其余门窗都没有变化，因门联窗 MC-1 仍在门 M-1 的位置，可以直接把门 M-1 修改了门联窗 MC-1，在修改之前需要定义门联窗 MC-1。

3.3.1.1　定义门联窗 MC-1

从建施 5 南立面图可看出门联窗的详图，此门联窗属于两边是窗，中间是门，由此来定义门联窗 MC-1。

单击"门窗洞"前面的"　"将其展开→单击下一级"门联窗"→单击"新建"下拉菜单→单击"新建门联窗"，然后对门联窗的"属性列表"进行修改。MC-1 的属性及做法如图 3-37 所示。

	属性名称	属性值	附加
1	名称	MC-1	
2	洞口宽度(mm)	3900	
3	洞口高度(mm)	2700	
4	窗宽度(mm)	1500	
5	门离地高度(mm)	0	
6	窗距门相对高度(m...	900	
7	窗位置	靠左	
8	框厚(mm)	0	
9	立樘距离(mm)	0	
10	洞口面积(m²)	9.18	
11	门框外围面积(m²)	(6.48)	
12	窗框外围面积(m²)	(2.7)	
13	门框上下扣尺寸(m...	0	
14	门框左右扣尺寸(m...	0	
15	窗框上下扣尺寸(m...	0	
16	窗框左右扣尺寸(m...	0	

	编码	类别	名称	项目特征	单位	工程量表达式	表达式说明
1	010802001	项	金属(塑钢)门(门联窗)	MC-1	m2	DKMJ	DKMJ〈洞口面积〉
2	子目1	补	金属塑钢门		m2	MDKMJ	MDKMJ〈门洞口面积〉
3	子目2	补	金属塑钢窗		m2	CDKMJ	CDKMJ〈窗洞口面积〉

图 3-37　MC-1 的属性及做法

3.3.1.2　修改门 M-1 为门联窗 MC-1

在画"门"的状态下，单击"选择"→选中复制的门 M-1→单击右键，弹出菜单→单击"修改构件图元名称"，弹出"修改构件图元名称"对话框→单击目标构件下的 MC-1→单击确定，这样门 M-1 就修改成门联窗 MC-1 了，如图 3-38 所示。

MC-1[1906]

图 3-38　修改后的 MC-1

3.3.1.3　查看门联窗 MC-1 软件计算结果

汇总结束后，查看门联窗 MC-1 软件计算结果如表 3-9 所示。

表 3-9　门联窗 MC-1 软件计算结果

编码	项目名称	单位	工程量
010802001	金属（塑钢）门（门联窗）	m²	7.83
子目 1	塑钢门	m²	2.43
子目 2	金属塑钢窗	m²	5.4

单击"退出",退出查看构件图元工程量对话框。

3.3.1.4 布置过梁

（1）画过梁。选择"GL-300"按点的方式进行布置→单击"MC-1"，即 GL-300 就布置上了，如图 3-39 所示。

图 3-39　画 GL-300

（2）查看过梁的软件计算结果。汇总结束后，查看过梁 300 的软件计算结果如表 3-10 所示。

表 3-10　过梁 300 的软件计算结果

编码	项目名称	单位	工程量
010503005	过梁	m^3	0.3607
子目 1	过梁体积	m^3	0.3607
011702009	过梁	m^2	3.393
子目 1	过梁模板面积	m^2	3.393

单击"退出",退出查看构件图元工程量对话框。

（3）过梁钢筋工程量。在画"过梁"的状态下，单击"工程量"进入主界面→单击"查看钢筋量"按钮，拉框选择所有构造柱，弹出"查看钢筋量"对话框，可得到首层过梁的钢筋量，如表 3-11 所示。

表 3-11　首层过梁钢筋工程量汇总表

构件名称	构件个数	钢筋总质量/kg	HPB300/kg		HRB400/kg				
			6mm	合计	10mm	12mm	14mm	16mm	合计
GL-120（240）	2	9.6	1.719	1.719	2.37	5.511			7.881
GL-120（240）	2	8.629	1.719	1.719	2.11	4.8			6.91
GL-180	4	17.303	4.335	4.335		3.48	9.488		12.968
GL-180	1	19.867	4.913	4.913		4.014	10.94		14.954
GL-300	1	63.574	9.504	9.504			14.454	39.616	54.07
GL-120（370）	1	5.814	2.322	2.322	1.432	2.06			3.492
合计		194.925	40.955	40.955	10.392	40.616	63.346	39.616	153.97

钢筋总质量/kg：194.925

3.3.2　二层墙体最终工程量

（1）墙体土建工程量。在二层柱、门窗、过梁画完之后，对墙进行汇总计算，二层墙体工程量软件计算结果如表 3-12 所示。

表 3-12　二层墙体工程量汇总表

编码	项目名称	单位	工程量
010401003	实心砖墙（外墙 370）	m³	25.9251
子目 1	砖墙 370 体积	m³	25.9251
010401003	实心砖墙（内墙 240）	m³	11.7298
子目 1	砖墙 240 体积	m³	11.7298

单击"退出"，退出查看构件图元工程量对话框。

（2）墙体钢筋工程量。在画"墙"的状态下，单击"工程量"进入主界面→单击"查看钢筋量"，拉框选择所有墙，弹出"查看钢筋量"对话框，可得到二层墙的钢筋量，如表 3-13 所示。

表 3-13　二层墙体钢筋工程量汇总表

构件名称	构件数量	钢筋总质量/kg	HPB300/kg	
			6mm	合计
砖墙 370	1	31.59	31.59	31.59
砖墙 370	2	19.956	19.956	19.956
砖墙 370	1	40.61	40.61	40.61
砖墙 240	2	20.846	20.846	20.846
砖墙 240	1	10.024	10.024	10.024
砖墙 240	1	20.214	20.214	20.214
合计		184.042	184.042	184.042

钢筋总质量/kg：184.042

3.4　二层装修工程量计算

3.4.1　室内装修

🎯 学习目标

根据装修做法表，分别对地面、踢脚、墙面、墙裙、天棚等装修构件进行定义、编辑属性，并正确套用其清单定额，然后新建房间并根据房间的装修做法进行装修构件的组合，最后正确画出房间并汇总计算出首层各房间的装修工程量。

从建施 2 可以看出二层有四类房间，分别为休息室、定额计价工作室、清单计价工作室、楼梯间、卫生间和阳台。

3.4.1.1 定义二层房间的装修构件的属性和做法

二层房间的装修构件有楼面、踢脚、墙面、天棚，下面分别定义。

（1）二层楼面的属性和做法。二层一共有楼 8C、楼 8D 和楼面 E 三种楼面，从设计总说明里可以看出这两种楼面的详细做法，列出楼面做法与清单定额的对应关系。

单击"装修"前面的"▦"使其展开→单击"楼面"→单击"新建"下拉菜单→单击"新建楼面"→修改名称为"楼 8D"。建立好的楼 8D 的属性和做法如图 3-40 所示。

属性列表

	属性名称	属性值	附加
1	名称	楼8D	
2	块料厚度(mm)	0	☐
3	是否计算防水	否	☐
4	顶标高(m)	层底标高	☐
5	备注		☐
6	⊞ 土建业务属性		
9	⊞ 显示样式		

	编码	类别	名称	项目特征	单位	工程量表达式	表达式说明
1	⊟ 011102003	项	块料楼地面	铺瓷砖地面（楼8D） 1.铺 800 mm×800mm×10mm瓷砖,白水泥擦缝 2.20厚1:4干硬性水泥砂浆粘结层 3.素水泥浆一遍 4.35厚C15细石混凝土找平层 5.素水泥浆一遍	m2	KLDMJ	KLDMJ〈块料地面积〉
2	子目1	补	铺800 mm×800mm×10mm瓷砖,白水泥擦缝		m2	KLDMJ	KLDMJ〈块料地面积〉
3	子目2	补	20厚1:4干硬性水泥砂浆粘结层		m2	DMJ	DMJ〈地面积〉
4	子目3	补	素水泥浆一遍		m2	DMJ	DMJ〈地面积〉
5	子目4	补	35厚C15细石混凝土找平层		m2	DMJ	DMJ〈地面积〉
6	子目5	补	素水泥浆一遍		m2	DMJ	DMJ〈地面积〉

图 3-40 楼 8D 的属性和做法

用同样的方法建立楼 8C，建立好的楼 8C 的属性和做法如图 3-41 所示。

属性列表

	属性名称	属性值	附加
1	名称	楼8C	
2	块料厚度(mm)	0	☐
3	是否计算防水	否	☐
4	顶标高(m)	层底标高	☐
5	备注		☐
6	⊞ 土建业务属性		
9	⊞ 显示样式		

🗒添加清单 🗒添加定额 🗐删除 🔍查询 ▾ 📋项目特征 ✕ 换算 ▾ ✎做法刷 🔍做法查询 🗒提取做法 🗒当前构件自动套做法

	编码	类别	名称	项目特征	单位	工程量表达式	表达式说明
1	⊟ 011102003	项	块料楼地面	瓷质防滑地砖（楼8C） 1.铺 300 mm×300mm瓷质防滑地砖,白水泥擦缝 2.20厚1:4干硬性水泥砂浆粘结层 3.素水泥结合层一道	m2	KLDMJ	KLDMJ〈块料地面积〉
2	子目1	补	铺 300 mm×300mm瓷质防滑地砖,白水泥擦缝		m2	KLDMJ	KLDMJ〈块料地面积〉
3	子目2	补	20厚1:4干硬性水泥砂浆粘结层		m2	DMJ	DMJ〈地面积〉
4	子目3	补	素水泥结合层一道		m2	DMJ	DMJ〈地面积〉

图 3-41 楼 8C 的属性和做法

用同样的方法建立楼面 E，建立好的楼 E 的属性和做法如图 3-42 所示。

（2）二层其它室内构件的属性和做法。二层踢脚有踢 2A 踢脚，内墙有内墙 5A 和内墙 B 两种墙面，天棚有棚 2B、棚 A，这些构件在首层已经定义过了，可以将首层定义的踢脚复制上来，操作步骤如下：

单击"装修"定义界面→单击"从其它楼层复制构件"→弹出"从其它楼层复制构件"

	编码	类别	名称	项目特征	单位	工程量表达式	表达式说明
1	⊟ 011102003	项	块料楼地面	1.5厚陶瓷锦砖铺实拍平，DTG擦缝 2.20厚水泥砂浆粘结层 3.20厚水泥砂浆找平层 4.1.5厚聚合物水泥基防水涂料 5.20厚水泥砂浆找平层 6.最厚50最薄35厚C15细石混凝土从门口处向地漏找坡	m2	KLDMJ	KLDMJ〈块料地面积〉
2	⊟ 子目1	补	5厚陶瓷锦砖铺实拍平，DTG擦缝		m2	KLDMJ	KLDMJ〈块料地面积〉
3	子目2	补	20厚水泥砂浆粘结层		m2	DMJ	DMJ〈地面积〉
4	子目3	补	20厚水泥砂浆找平层		m2	DMJ	DMJ〈地面积〉
5	子目4	补	1.5厚聚合物水泥基防水涂料		m2	DMJ+DMZC*0.15	DMJ〈地面积〉+DMZC〈地面周长〉*0.15
6	子目5	补	20厚水泥砂浆找平层		m2	DMJ	DMJ〈地面积〉
7	子目6	补	最厚50最薄35厚C15细石混凝土从门口处向地漏找坡		m2	DMJ*0.0425	DMJ〈地面积〉*0.0425

图 3-42　楼 E 的属性和做法

对话框→单击源楼层为"首层"→单击复制构件里"踢 2A、内墙 5A、内墙 B、棚 2B、棚 A"，这样首层的构件就复制上来了，如图 3-43 所示。

图 3-43　从首层复制装修构件

3.4.1.2　二层房间组合

从建施 2（二层平面图）可以看出，二层房间和首层有所变化，有的房间由墙裙变为踢脚，有的房间吊顶高度发生变化，按设计总说明的装修做法重新整理一下复制上来的房间。

（1）组合休息室。二层休息室和首层办公室房间做法基本相同，组合好的休息室如图 3-44 所示。

（2）组合定额计价工作室。利用"复制"的方法组合，组合好的定额计价工作室如图 3-45 所示。

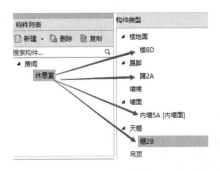 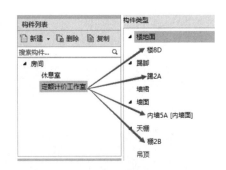

图 3-44　组合休息室　　　　　　　　　图 3-45　组合定额计价工作室

（3）组合清单计价工作室。利用"复制"的方法组合，组合好的清单计价工作室如图 3-46 所示。

（4）组合楼梯间。二层楼梯间与休息室楼地面相比，只有"地 8D"变为"楼 8C"，其它没有变化，组合好的楼梯间如图 3-47 所示。

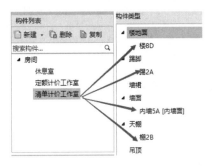 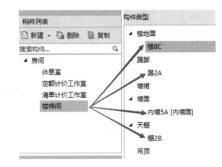

图 3-46　组合清单计价工作室　　　　　图 3-47　组合楼梯间

（5）组合卫生间房间。卫生间房间和首层卫生间房间做法基本相同，组合好的卫生间如图 3-48 所示。

3.4.1.3　画二层房间

根据建施 2 二层平面图来画二层房间，在画房间的状态下，用"点"式画法画二层房间，画好的二层房间如图 3-49 所示。

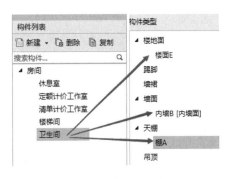 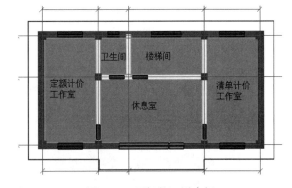

图 3-48　组合卫生间房间　　　　　　　图 3-49　画好的二层房间

3.4.1.4　查看房间装修软件计算结果

二层有好几个房间，按照建施 2 的房间名称一个一个来查看。

（1）楼梯间装修工程量软件计算结果。汇总结束后，选中楼梯间两个房间→单击查看工程量，二层楼梯间装修工程量软件计算结果如表 3-14 所示。

表 3-14　二层楼梯间装修工程量软件计算结果

编码	项目名称	单位	工程量
011105001	水泥砂浆踢脚线	m²	1.4616
子目 1	8mm 厚 1∶2.5 水泥砂浆罩面压实赶光	m²	1.4616
子目 2	18mm 厚 1∶3 水泥砂浆打底扫毛或划出纹道	m²	1.4616
011201001	墙面一般抹灰	m²	40.2924
子目 1	抹灰面刮三遍仿瓷涂料	m²	40.2924
子目 2	5mm 厚 1∶2.5 水泥砂浆找平	m²	39.81
子目 3	9mm 厚 1∶3 水泥砂浆打底扫毛或划出纹道	m²	39.81
011301001	天棚抹灰	m²	9.2016
子目 1	抹灰面刮三遍仿瓷涂料	m²	9.2016
子目 2	2mm 厚 1∶2.5 纸筋灰罩面	m²	9.2016
子目 3	10mm 厚 1∶1∶4 混合砂浆打底	m²	9.2016
子目 4	刷素水泥浆一遍	m²	9.2016
011102003	块料楼地面	m²	9.2928
子目 1	铺 300mm×300mm 瓷质防滑地砖，白水泥擦缝	m²	9.2928
子目 2	20mm 厚 1∶3 干硬性水泥砂浆黏结层	m²	9.2928
子目 3	素水泥结合层一道	m²	9.2928

单击"退出"，退出查看构件图元工程量对话框。

（2）休息室装修工程量软件计算结果。二层休息室装修工程量软件计算结果见表 3-15 所示。

表 3-15　二层休息室装修工程量软件计算结果

编码	项目名称	单位	工程量
011105001	水泥砂浆踢脚线	m²	1.9524
子目 1	8mm 厚 1∶2.5 水泥砂浆罩面压实赶光	m²	1.9524
子目 2	18mm 厚 1∶3 水泥砂浆打底扫毛或划出纹道	m²	1.9524
011201001	墙面一般抹灰	m²	55.0251
子目 1	抹灰面刮三遍仿瓷涂料	m²	55.0251
子目 2	5mm 厚 1∶2.5 水泥砂浆找平	m²	52.11
子目 3	9mm 厚 1∶3 水泥砂浆打底扫毛或划出纹道	m²	52.11
011301001	天棚抹灰	m²	22.1796
子目 1	抹灰面刮三遍仿瓷涂料	m²	22.1796
子目 2	2mm 厚 1∶2.5 纸筋灰罩面	m²	22.1796
子目 3	10mm 厚 1∶1∶4 混合砂浆打底	m²	22.1796
子目 4	刷素水泥浆一遍	m²	22.1796
011102003	块料楼地面	m²	22.911
子目 1	铺 800mm×800mm×10mm 瓷砖，白水泥擦缝	m²	22.911
子目 2	20mm 厚 1∶4 干硬性水泥砂浆黏结层	m²	22.911
子目 3	素水泥浆一遍	m²	22.911
子目 4	35mm 厚 C15 细石混凝土找平层	m²	22.911
子目 5	素水泥浆一遍	m²	22.911

单击"退出",退出查看构件图元工程量对话框。

（3）定额计价工作室（清单计价工作室）装修工程量软件计算结果。二层定额计价工作室（清单计价工作室）装修工程量软件计算结果如表 3-16 所示。

表 3-16　二层定额计价工作室装修工程量软件计算结果

编码	项目名称	单位	工程量
011105001	水泥砂浆踢脚线	m²	2.1288
子目 1	8mm 厚 1：2.5 水泥砂浆罩面压实赶光	m²	2.1288
子目 2	18mm 厚 1：3 水泥砂浆打底扫毛或划出纹道	m²	2.1288
011201001	墙面一般抹灰	m²	57.8372
子目 1	抹灰面刮三遍仿瓷涂料	m²	57.8372
子目 2	5mm 厚 1：2.5 水泥砂浆找平	m²	56.84
子目 3	9mm 厚 1：3 水泥砂浆打底扫毛或划出纹道	m²	56.84
011301001	天棚抹灰	m²	18.5436
子目 1	抹灰面刮 3 遍仿瓷涂料	m²	18.5436
子目 2	2mm 厚 1：2.5 纸筋灰罩面	m²	18.5436
子目 3	10mm 厚 1：4 混合砂浆打底	m²	18.5436
子目 4	刷素水泥浆一遍	m²	18.5436
011102003	块料楼地面	m²	18.565
子目 1	铺 800mm×800mm×10mm 瓷砖，白水泥擦缝	m²	18.565
子目 2	20mm 厚 1：4 干硬性水泥砂浆黏结层	m²	18.565
子目 3	素水泥浆一遍	m²	18.565
子目 4	35mm 厚 C15 细石混凝土找平层	m²	18.565
子目 5	素水泥浆一遍	m²	18.565

单击"退出",退出查看构件图元工程量对话框。

（4）卫生间装修工程量软件计算结果。二层卫生间装修工程量软件计算结果如表 3-17 所示。

表 3-17　二层卫生间装修工程量软件计算结果

编码	项目名称	单位	工程量
011204003	块料墙面	m²	24.559
子目 1	DTG 砂浆勾缝，5mm 厚釉面砖面层，5mm 厚水泥砂浆黏结层	m²	24.559
子目 2	8mm 厚水泥砂浆打底	m²	23.17
子目 3	水泥砂浆勾实接缝，修补墙面	m²	23.17
011301001	天棚抹灰	m²	3.3696
子目 1	板底 10mm 厚水泥砂浆抹平	m²	3.3696
子目 2	刮 2mm 厚耐水腻子	m²	3.3696
子目 3	刮耐擦洗白色涂料	m²	3.3696

续表

编码	项目名称	单位	工程量
011102003	块料楼地面	m²	3.4608
子目1	5mm厚陶瓷锦砖铺实拍平，DTG擦缝	m²	3.4608
子目2	20mm厚水泥砂浆黏结层	m²	3.4608
子目3	20mm厚水泥砂浆找平层	m²	3.4608
子目4	1.5mm厚聚合物水泥基防水涂料	m²	4.5768
子目5	20mm厚水泥砂浆找平层	m²	3.4608
子目6	最厚50mm最薄35mm厚C15细石混凝土从门口处向地漏找坡	m²	0.1471

3.4.2 室外装修

学习目标

根据装修做法表，从中找出二层外墙的装修做法信息，正确画图并通过软件的汇总计算得出外墙面的装修工程量。

二层室外装修做法见设计总说明的外墙1、外墙2，具体装修的位置从建施4、建施5的立面图可以反映出来。从几个立面图可以看出，外墙面为涂料外墙，其中涂料外墙在首层已经定义过，直接画外墙27A墙面就可以了。

3.4.2.1 画二层外墙装修

画二层外墙面27A，操作步骤如下。

单击"建模"进入绘图界面→在画墙面的状态下→选中"外墙27A"名称→单击"点"→分别点每段外墙的外墙皮，如图3-50所示。

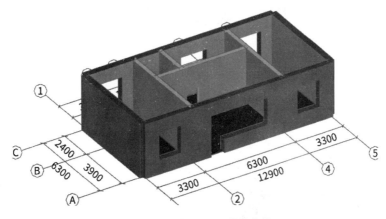

图3-50 画好的二层外墙装修

3.4.2.2 画挑檐栏板装修

单击"建模"进入绘图界面→在画墙面的状态下→选中"外墙27A"名称→单击"点"→

分别点挑檐栏板的内侧和外侧，如图 3-51 所示。

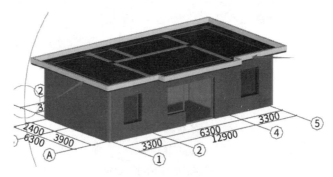

图 3-51　画挑檐栏板装修

温馨提示：挑檐栏板外墙面装修应包含挑檐板侧面，软件墙面标高无法调整，在表格输入处理。

单击"表格输入"→单击"土建"→单击"构件"→修改构件名称为"挑檐板侧面装修"，添加构件做法，如图 3-52 所示。

	编码	类别	名称	项目特征	单位	工程量表达式	工程量
1	011204003	项	块料墙面	贴面砖墙面(外墙27A) 1.8厚面砖，专用瓷砖贴剂粘贴	m2	4.64	4.64
2	子目1	补	8厚面砖，专用瓷砖贴剂粘贴		m2	QDL[清单量]	4.64
3	011001003	项	保温隔热墙面	外墙保温(外墙27A) 1.2.5-7厚抹聚合物抗裂砂浆，聚合物抗裂砂浆硬化后铺设镀锌钢丝网片 2.满贴50厚硬泡聚氨酯保温层 3.3-5厚粘结砂浆 4.20厚1:3水泥防水砂浆(基层界面或毛化处理)	m2	4.64	4.64
4	子目1	补	2.5-7厚抹聚合物抗裂砂浆，聚合物抗裂砂浆硬化后铺设镀锌钢丝网片		m2	QDL[清单量]	4.64
5	子目2	补	满贴50厚硬泡聚氨酯保温层		m2	QDL[清单量]	4.64
6	子目3	补	3-5厚粘结砂浆		m2	QDL[清单量]	4.64
7	子目4	补	20厚1:3水泥防水砂浆(基层界面或毛化处理)		m2	QDL[清单量]	4.64

图 3-52　挑檐板侧面装修的属性及做法

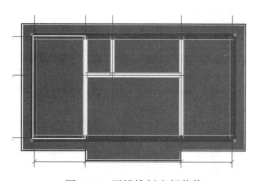

图 3-53　画挑檐板底部装修

3.4.2.3　画挑檐板底部装修

单击"建模"进入绘图界面→在画"天棚"的状态下→选中"棚 2B"名称→单击"点"→单击所有挑檐板，如图 3-53 所示。

3.4.2.4　查看外墙装修软件计算结果

在画"墙面"的状态下，单击"选择"→单击"批量选择"，弹出"批量选择构件图元"对话框→勾选"外墙 27A"→单击"确定"→单击

"查看工程量"→单击"做法工程量"。外墙 27A（外墙面）软件计算结果如表 3-18 所示。

表 3-18　外墙 27A（外墙面）软件计算结果

编码	项目名称	单位	工程量
011204003	块料墙面	m²	146.1745
子目 1	8mm 厚面砖，专用瓷砖粘贴剂粘贴	m²	146.1745
011001003	保温隔热墙面	m²	136.906
子目 1	2.5～7mm 厚抹聚合物抗裂砂浆，聚合物抗裂砂浆硬化后铺镀锌钢丝网片	m²	136.906
子目 2	满贴 50mm 厚硬泡聚氨酯保温层	m²	136.906
子目 3	3～5mm 厚黏结砂浆	m²	136.906
子目 4	20mm 厚 1∶3 水泥防水砂浆（基层界面或毛化处理）	m²	136.906

单击"退出"，退出查看构件图元工程量对话框。

3.4.2.5　查看挑檐板天棚装修软件计算结果

在画天棚的状态下，单击"选择"→单击挑檐板→单击"查看工程量"→单击"做法工程量"。挑檐板天棚装修软件计算结果如表 3-19 所示。

表 3-19　挑檐板天棚装修软件计算结果

编码	项目名称	单位	工程量
011301001	天棚抹灰	m²	29.46
子目 1	抹灰面刮三遍仿瓷涂料	m²	29.46
子目 2	2mm 厚 1∶2.5 纸筋灰罩面	m²	29.46
子目 3	10mm 厚 1∶1∶4 混合砂浆打底	m²	29.46
子目 4	刷素水泥浆一遍	m²	29.46

单击"退出"，退出查看构件图元工程量对话框。

3.4.3　布置屋面

 学习目标

　　根据建施 3 屋顶平面图与建施 6 中的 1—1 剖面图，能看懂屋面的装修信息，正确定义屋面并编辑其属性，正确套做法和画图，并汇总计算得出屋面的工程量。

3.4.3.1　定义屋面

单击"其它"前面的"　"使其展开→单击下一级的"屋面"→单击新建下拉菜单→单击"新建屋面"→修改名称为"屋面（二层顶部）"，其属性和做法如图 3-54 所示。

用同样的方法建立屋面（挑檐板顶部），其属性和做法如图 3-55 所示。

	属性列表		
	属性名称	属性值	附加
1	名称	屋面（二层顶部）	
2	底标高(m)	顶板顶标高	☐
3	**备注**		☐
4	⊞ 钢筋业务属性		
6	⊞ 土建业务属性		
8	⊞ 显示样式		

	编码	类别	名称	项目特征	单位	工程量表达式	表达式说明
1	⊟ 010901002	项	型材屋面	屋面（二层顶部） 1．SBS防水层上翻250mm（单列） 2．20厚1:2水泥砂浆找平层 3．1:10水泥珍珠岩保温层100mm 4．1:1:10水泥石灰炉渣找坡平均厚50mm 5．20厚1:2水泥砂浆找平层	m2	MJ	MJ〈面积〉
2	子目1	补	20厚1:2水泥砂浆找平层		m2	MJ	MJ〈面积〉
3	子目2	补	1:1:10水泥石灰炉渣找坡平均厚50mm		m2	MJ	MJ〈面积〉
4	子目3	补	20厚1:2水泥砂浆找平层		m2	MJ	MJ〈面积〉
5	⊟ 010902001	项	屋面卷材防水	屋面防水（二层顶部） SBS防水层上翻250mm	m2	FSMJ	FSMJ〈防水面积〉
6	子目1	补	SBS防水层上翻250mm		m2	FSMJ	FSMJ〈防水面积〉
7	⊟ 011001001	项	保温隔热屋面	屋面保温（二层顶部） 1:10水泥珍珠岩保温层100mm	m2	MJ	MJ〈面积〉
8	子目1	补	1:10水泥珍珠岩保温层100mm		m2	MJ	MJ〈面积〉

图 3-54　屋面（二层顶部）的属性和做法

	属性列表		
	属性名称	属性值	附加
1	名称	屋面（挑檐板顶部）	
2	底标高(m)	顶板顶标高	☐
3	**备注**		☐
4	⊞ 钢筋业务属性		
6	⊞ 土建业务属性		
8	⊞ 显示样式		

	编码	类别	名称	项目特征	单位	工程量表达式	表达式说明
1	⊟ 010901002	项	型材屋面	屋面（挑檐板顶部） 1．SBS防水层栏板 处上翻200mm，女儿墙处上翻250mm（单列） 2．20厚1:2水泥砂浆找平层 3．1:1:10水泥石灰炉渣找坡平均厚50mm 4．20厚1:2水泥砂浆找平层	m2	MJ	MJ〈面积〉
2	子目1	补	20厚1:2水泥砂浆找平层		m2	MJ	MJ〈面积〉
3	子目2	补	1:1:10水泥石灰炉渣找坡平均厚50mm		m2	MJ	MJ〈面积〉
4	子目3	补	20厚1:2水泥砂浆找平层		m2	MJ	MJ〈面积〉
5	⊟ 010902001	项	屋面卷材防水	屋面防水（挑檐板顶部） SBS防水层栏板 处上翻200mm，女儿墙处上翻250mm	m2	FSMJ	FSMJ〈防水面积〉
6	子目1	补	SBS防水层栏板 处上翻200mm，女儿墙处上翻250mm		m2	FSMJ	FSMJ〈防水面积〉

图 3-55　屋面（挑檐板顶部）属性和做法

3.4.3.2　画屋面

（1）将屋面画到板上。单击"建模"进入到绘图界面→单击"屋面（二层顶部）"→单击智能布置中的"现浇板"→单击选中板 LB1、LB2，右键结束，绘制好的屋面（二层顶部）。单击"屋面（挑檐板顶部）"→单击智能布置中的"现浇板"→单击选中板挑檐板，右键结束，如图 3-56 所示。

选中所有的屋面，单击"合并"，如图 3-57 所示。

（2）偏移屋面。合并完成后，进行偏移，单击选中屋面→单击"偏移"→向里拖拽→输入"240"按回车结束，偏移后的屋面如图 3-58 所示。

（3）设置防水卷边。单击选中屋面→单击"设置防水卷边"→单击右键弹出"设置防水卷边"对话框→输入"250"→单击"确定"，如图 3-59 所示。

布置屋面（挑檐板顶部），单击"设置防水卷材"→单击"指定边"→单击墙外侧，单击右键弹出"设置防水卷边"对话框→输入"250"→单击"确定"，如图 3-60 所示。

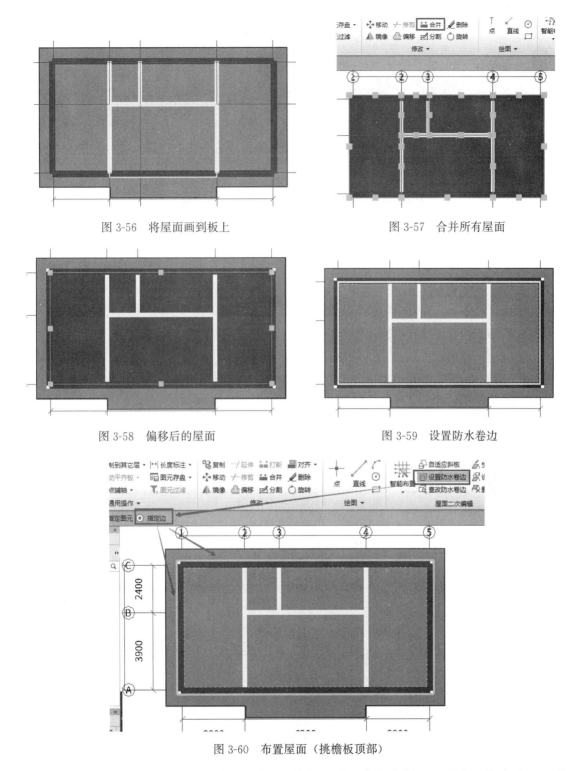

图 3-56　将屋面画到板上　　　　　图 3-57　合并所有屋面

图 3-58　偏移后的屋面　　　　　图 3-59　设置防水卷边

图 3-60　布置屋面（挑檐板顶部）

　　用同样的方法布置屋面（挑檐板顶部），单击"设置防水卷材"→单击"指定边"→单击挑檐板，单击右键弹出"设置防水卷边"对话框→输入"200"→单击"确定"。布置好的屋面防水卷边如图 3-61 所示。

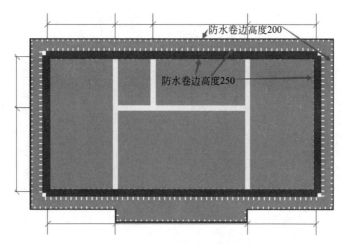

图 3-61 布置好的屋面防水卷边

温馨提示：由于屋顶既有女儿墙也有挑檐，所以二者的保温防水均放在二层画，如果仅有女儿墙没有挑檐，屋面的保温防水则放在屋面层画，顺序放在女儿墙后。

3.4.3.3 查看屋面的软件计算结果

（1）屋面（二层顶部）的软件计算结果。汇总结束后，在画"屋面"的状态下，单击"屋面（二层顶部）"，单击"查看工程量"按钮→单击"做法工程量"。屋面（二层顶部）的软件计算结果如表 3-20 所示。

表 3-20 屋面（二层顶部）的软件计算结果

编码	项目名称	单位	工程量
010901002	型材屋面	m²	81.6544
子目 1	20mm 厚 1：2 水泥砂浆找平层	m²	81.6544
子目 2	1：1：10 水泥石灰炉渣找坡平均厚 50mm	m²	81.6544
子目 3	20mm 厚 1：2 水泥砂浆找平层	m²	81.6544
010902001	屋面卷材防水	m²	91.2744
子目 1	SBS 防水层上翻 250mm	m²	91.2744
011001001	保温隔热屋面	m²	81.6544
子目 1	1：10 水泥珍珠岩保温层 100mm	m²	81.6544

单击"退出"按钮，退出查看构件图元工程量对话框。

（2）屋面（挑檐板顶部）的软件计算结果。汇总结束后，查看屋面（挑檐板顶部）的软件计算结果如表 3-21 所示。

表 3-21 屋面（挑檐板顶部）的软件计算结果

编码	项目名称	单位	工程量
010901002	型材屋面	m²	26.6904
子目 1	20mm 厚 1：2 水泥砂浆找平层	m²	26.6904
子目 2	1：1：10 水泥石灰炉渣找坡平均厚 50mm	m²	26.6904
子目 3	20mm 厚 1：2 水泥砂浆找平层	m²	26.6904
010902001	屋面卷材防水	m²	45.9744
子目 1	SBS 防水层栏板处上翻 200mm，女儿墙处上翻 250mm	m²	45.9744

单击"退出",按钮退出查看构件图元工程量对话框。

3.5   二层其它工程量计算

3.5.1   二层建筑面积

学习目标

准确定义并编辑二层主体和阳台的建筑面积,以及其它相关量的表格输入,正确画图、表格输入,并通过软件的汇总计算得出二层建筑面积以及其它相关量的工程量。

3.5.1.1   定义二层建筑面积和做法

(1)建筑面积(外墙内)。新建"建筑面积(外墙内)",其属性和做法如图 3-62 所示。

编码	类别	名称	项目特征	单位	工程量表达式	表达式说明
1 □ B001	补项	建筑面积(外墙内)		m2	MJ	MJ〈面积〉
2 └ 子目1	补	定额建筑面积		m2	MJ	MJ〈面积〉

图 3-62   建筑面积(外墙内)的属性和做法

(2)建筑面积(阳台)。利用"复制"的方法,建立"建筑面积(阳台)",其属性和做法如图 3-63 所示。

编码	类别	名称	项目特征	单位	工程量表达式	表达式说明
1 □ B001	补项	建筑面积(阳台)		m2	MJ/2	MJ〈面积〉/2
2 └ 子目1	补	定额建筑面积		m2	MJ/2	MJ〈面积〉/2

图 3-63   建筑面积(阳台)的属性和做法

3.5.1.2   画二层建筑面积

(1)画外墙皮以内建筑面积。单击"建模"按钮进入绘图界面→在画"建筑面积"的状态下,单击"点"按钮→单击外墙内任意一点,与首层建筑面积一致,需要偏移到外墙保温外皮,即外放 50mm。这样建筑面积就布置好了,如图 3-64 所示。

(2)画阳台建筑面积。选中"建筑面积(阳台)"→单击"矩形"按钮→在英文状态下按"K"让栏板显示出来→单击 2/A 交点→单击 2/A 交点对角线→单击右键结束。

这样阳台建筑面积就画好了(软件会自动将与外墙外边线以内建筑面积重叠部分扣除),但是这时候面积并不正确,要将此面积偏移到阳台栏板的外边线(偏移 50mm),如图 3-65 所示。

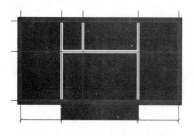

图 3-64 画外墙皮以内建筑面积

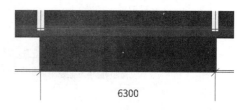

6300

图 3-65 画阳台建筑面积

3.5.1.3 查看二层建筑面积软件计算结果

汇总结束后，在画建筑面积的状态下，单击选择按钮→单击画好的建筑面积，单击查看工程量。二层建筑面积及相关量软件计算结果如表 3-22 所示。

表 3-22 二层建筑面积及相关量软件计算结果

编码	项目名称	单位	工程量
B001	建筑面积（外墙内）	m²	93.15
子目 1	定额建筑面积	m²	93.15
B001	建筑面积（阳台）	m²	3.84
子目 1	定额建筑面积	m²	3.84

单击"退出"，退出查看构件图元工程量对话框。

3.5.2 脚手架工程量（可以直接在报表中查看）

汇总结束后，点击"查看报表"，弹出"报表"对话框，软件默认的是钢筋报表量，选择"土建报表量"，选择"设置报表范围"，在"绘图输入"中勾选"第 2 层"，在"表格输入"中勾选"第 2 层"，选择勾选"绘图输入工程量汇总表"，可以得出所有构件的脚手架工程量，如图 3-66 所示。

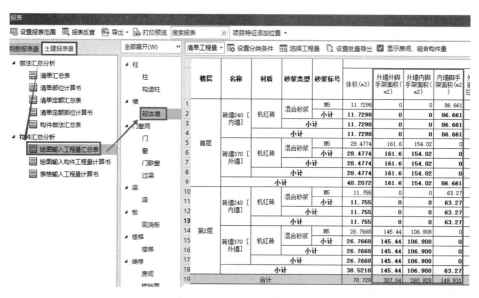

图 3-66 脚手架工程量

第4章　屋面层工程量计算

 任务引导

　　请大家熟悉屋面的相关图纸，并从图纸中找出下列构件的相关信息：女儿墙的尺寸、女儿墙的装修、女儿墙的压顶构造、构造柱、屋面排水管等。

4.1　屋面层要计算哪些工程量

在画构件之前，列出屋面层要计算的构件，如图 4-1 所示。

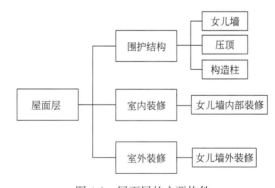

图 4-1　屋面层的主要构件

4.2　屋面层二次结构工程量计算

温馨提示：屋面层没有主体结构，只有二次结构和装修部分。

4.2.1 画屋面女儿墙

 学习目标

能看懂屋顶女儿墙的布置图，并从中找出女儿墙的厚度、高度、砌体通长筋等信息，准确定义并编辑屋顶女儿墙的属性，能正确套用女儿墙的做法，正确画图并通过软件的汇总计算得出屋顶女儿墙及钢筋工程量。

从结施 8 可以看出，屋面层的女儿墙为"240 砖墙"，女儿墙顶部为"300 宽的压顶"，女儿墙距离外墙轴线为 10mm，需要在屋面层对女儿墙进行定义。

4.2.1.1 定义女儿墙的属性和做法

单击"墙"前面的"■■"将其展开→单击下一级"砌体墙"→单击"新建"下拉菜单→单击"新建外墙"，修改墙的名称、厚度、砌体通长筋等信息，如图 4-2 所示。

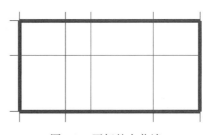

图 4-2 女儿墙的属性及做法

4.2.1.2 画屋面层女儿墙

（1）先将女儿墙画到轴线位置。画好的女儿墙如图 4-3 所示。

图 4-3 画好的女儿墙

（2）偏移女儿墙。从建施 3 可以看出，女儿墙为 240mm，女儿墙距离外墙轴线为 10mm，所以女儿墙的中心线要向外移 130mm，用偏移的方法，将画好的女儿墙向外偏移 130mm，操作步骤如下。

在画"墙"的状态下，下拉框选中所有女儿墙→点击"偏移"→单击"整体偏移"→输入偏移距离"130"→敲回车，这样墙体就偏移好了，如图 4-4 所示。

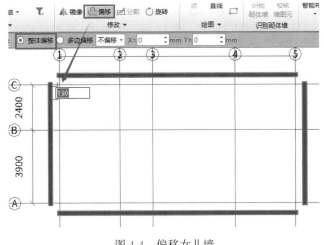

图 4-4　偏移女儿墙

偏移后的四个墙体就不相交了，再用"延伸"的方法将四个角进行延伸，画好的女儿墙如图 4-5 所示。

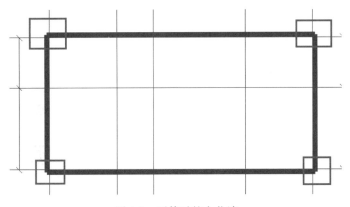

图 4-5　延伸后的女儿墙

4.2.1.3　查看女儿墙软件计算结果

（1）女儿墙混凝土工程量。汇总结束后，在画"墙"的状态下，用拉框的方法选中屋面层所有女儿墙，单击"查看工程量"→单击"做法工程量"。屋面层女儿墙的做法工程量如表 4-1 所示。

表 4-1　屋面层女儿墙工程量汇总表

编码	项目名称	单位	工程量
010401003	实心砖墙	m³	5.6792
子目 1	女儿墙体积	m³	5.6792

单击"退出"，退出"查看构件图元工程量"对话框。

（2）女儿墙钢筋工程量。在画"女儿墙"的状态下，单击"工程量"进入主界面→单击"编辑钢筋"→框选女儿墙，可得到女儿墙的钢筋信息，如表 4-2 所示。

表 4-2 女儿墙钢筋工程量汇总表

构件名称	构件数量	钢筋总质量/kg	HPB300/kg	
			6mm	合计
女儿墙 240	2	6.9	6.9	6.9
女儿墙 240	2	14.108	14.108	14.108
合计		42.016	42.016	42.016
钢筋总质量/kg：42.016				

单击右上角的“×”按钮，退出查看钢筋量对话框。

4.2.2 画屋面女儿墙构造柱

学习目标

能看懂屋面构造柱的平法配筋图，并从中找出构造柱的截面宽度、高度、纵筋、箍筋等信息，准确定义并编辑构造柱的属性，能正确套用构造柱的做法，正确画图并通过软件的汇总计算得出首层构造柱的混凝土、模板及钢筋工程量。

4.2.2.1 定义构造柱的属性和做法

定义屋面的构造柱 GZ1，定义好的构造柱 4-6 所示。

属性列表

	属性名称	属性值	附加
1	名称	GZ1	
2	类别	构造柱	☐
3	截面宽度(B边)(...	240	☐
4	截面高度(H边)(...	240	☐
5	马牙槎设置	带马牙槎	☐
6	马牙槎宽度(mm)	60	☐
7	全部纵筋	4⏀12	☐
8	角筋		☐
9	B边一侧中部筋		☐
10	H边一侧中部筋		☐
11	箍筋	⏀8@200(2*2)	☐
12	箍筋肢数	2*2	
13	材质	现浇混凝土	☐
14	混凝土类型	(现浇混凝土 碎石5...	☐

	编码	类别	名称	项目特征	单位	工程量表达式	表达式说明
1	010502002	项	构造柱	1.混凝土种类:预拌 2.混凝土强度等级:C20	m3	TJ	TJ<体积>
2	子目1	补	构造柱体积		m3	TJ	TJ<体积>
3	011702003	项	构造柱	普通模板	m2	MBMJ	MBMJ<模板面积>
4	子目1	补	构造柱模板面积		m2	MBMJ	MBMJ<模板面积>

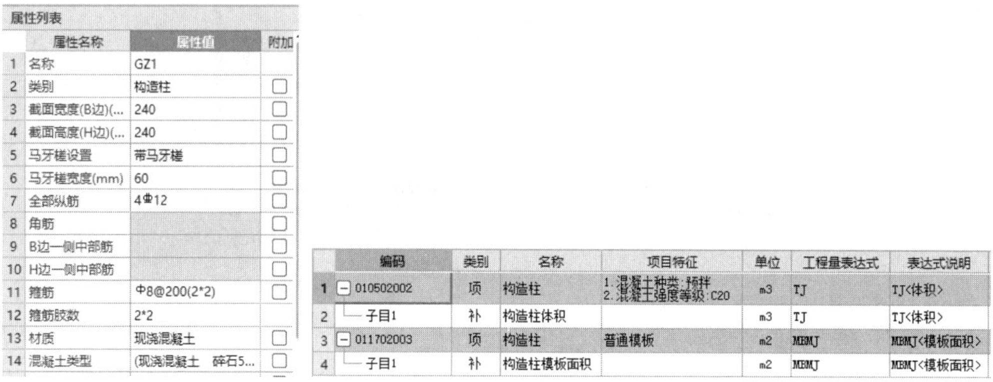

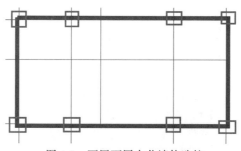

图 4-6 GZ1 的属性和做法

4.2.2.2 画屋面层女儿墙构造柱

把构造柱画到做好的轴交点上，画好的女儿墙构造柱并进行偏移，偏移好的构造柱如图 4-7 所示。

图 4-7 画屋面层女儿墙构造柱

4.2.2.3 查看女儿墙构造柱软件计算结果

（1）女儿墙构造柱混凝土工程量。汇总结束后，在画"构造柱"的状态下，用"拉框"的方法选中屋面层所有女儿墙构造柱，单击"查看工程量"→单击做法工程量，屋面层女儿墙构造柱的做法工程量如表4-3所示。

表4-3 屋面层女儿墙构造柱工程量汇总表

编码	项目名称	单位	工程量
010502002	构造柱	m^3	0.3384
子目1	构造柱体积	m^3	0.3456
011702003	构造柱	m^2	3.1104
子目1	构造柱模板面积	m^2	3.1104

单击"退出"，退出"查看构件图元工程量"对话框。

（2）女儿墙构造柱钢筋工程量。在画"构造柱"的状态下，单击"工程量"进入主界面→单击"编辑钢筋"→框选女儿墙构造柱，可得到女儿墙构造柱的钢筋信息，如表4-4所示。

表4-4 女儿墙构造柱钢筋工程量汇总表

构件名称	构件数量	钢筋总质量/kg	HPB300/kg		HRB400/kg	
			8mm	合计	12mm	合计
GZ1	8	9.796	1.564	1.564	8.232	8.232
合计		78.368	12.512	12.512	65.856	65.856

钢筋总质量/kg：78.368

单击右上角的"×"按钮，退出查看钢筋量对话框。

4.2.3 画屋面女儿墙压顶

 学习目标

> 根据图纸了解女儿墙压顶的截面尺寸、钢筋等信息，准确定义并编辑屋面女儿墙压顶的属性，正确套用压顶的做法，正确画图，并汇总计算查看得出屋面女儿墙压顶的混凝土、模板及钢筋工程量。

从结施8可以看出，屋面层的女儿墙顶部为"300宽的压顶"，利用"圈梁"对压顶进行定义。

4.2.3.1 定义女儿墙压顶的属性和做法

单击"梁"前面的"▦"使其展开→单击下一级"圈梁"→单击"新建压顶圈梁"→在属性列表内改"名称"为"女儿墙压顶"→女儿墙压顶的属性和做法如图4-8所示。

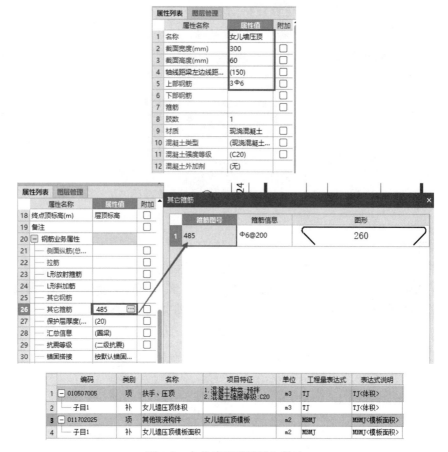

图 4-8　女儿墙压顶属性和做法

4.2.3.2　画屋面层女儿墙压顶

屋面女儿墙已经画过了，压顶在女儿墙的上方，可以用智能布置的方法进行布置。

单击屏幕上方的"智能布置"→单击"墙中心线"→拉框选择女儿墙→单击右键结束，这样屋面层女儿墙压顶就布置上了，如图 4-9 所示。

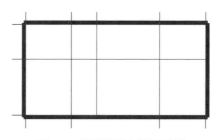

图 4-9　画屋面层女儿墙压顶

4.2.3.3　查看女儿墙压顶软件计算结果

（1）压顶混凝土工程量。汇总结束后，在画"压顶"的状态下，下拉框选中屋面层所有女儿墙压顶，单击"查看工程量"→单击"做法工程量"。屋面层女儿墙压顶的做法工程量如表 4-5 所示。

表 4-5　屋面层女儿墙压顶工程量汇总表

编码	项目名称	单位	工程量
010507005	扶手、压顶	m³	0.6822
子目 1	女儿墙压顶体积	m³	0.6822
011702025	其它现浇构件	m²	7.0992
子目 1	女儿墙压顶模板面积	m²	7.0922

单击"退出",退出查看构件图元工程量对话框。

(2)压顶钢筋工程量。在画"压顶"的状态下,单击"工程量"进入主界面→单击"编辑钢筋"→框选女儿墙压顶,可得到女儿墙压顶的钢筋信息,如表 4-6 所示。

表 4-6　女儿墙压顶钢筋工程量汇总表

构件名称	构件数量	钢筋总质量/kg	HPB300/kg	
			6mm	合计
女儿墙压顶	2	8.902	8.902	8.902
女儿墙压顶	2	18.073	18.073	18.073
合计		53.95	53.95	53.95

钢筋总质量/kg:53.95

单击右上角的"×"按钮,退出查看钢筋量对话框。

4.2.4　女儿墙最终工程量

(1)女儿墙土建工程量。在女儿墙中构造柱、压顶画完之后,对女儿墙进行汇总计算,女儿墙工程量软件计算结果如表 4-7 所示。

表 4-7　女儿墙工程量汇总表

编码	项目名称	单位	工程量
010401003	实心砖墙	m³	4.8004
子目 1	女儿墙体积	m³	4.8004

单击"退出"按钮,退出查看构件图元工程量对话框。

(2)女儿墙钢筋工程量。在画"墙"的状态下,单击"工程量"进入主界面→单击"查看钢筋量"按钮,拉框选择所有墙,弹出"查看钢筋量"对话框,可得到女儿墙的钢筋量,如表 4-8 所示。

表 4-8　女儿墙钢筋工程量汇总表

构件名称	构件数量	钢筋总质量/kg	HPB300/kg	
			6mm	合计
女儿墙 240	2	7.192	7.192	7.192
女儿墙 240	2	14.4	14.4	14.4
合计		43.184	43.184	43.184

钢筋总质量/kg:43.184

4.3 屋面层装修工程量计算

学习目标

　　根据装修做法表，分别找出女儿墙的内侧和外侧装修信息，正确定义并编辑其属性，正确画图并通过软件的汇总计算得出女儿墙内外墙面的装修工程量。

4.3.1 定义女儿墙装修的属性和做法

　　从建施 4 可知，女儿墙外装修与外墙面一样，因此，利用"从其它楼层复制构件"复制"外墙 27A"，如图 4-10 所示。

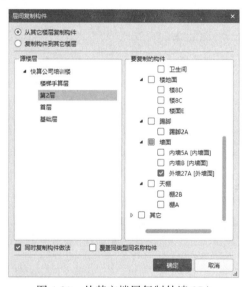

图 4-10　从其它楼层复制外墙 27A

　　新建"外墙 5B"，其属性和做法如图 4-11 所示。

	属性名称	属性值	附加
1	名称	外墙5B	
2	块料厚度(mm)	0	☐
3	所附墙材质	(程序自动判断)	☐
4	内/外墙面标志	外墙面	☑
5	起点顶标高(m)	墙顶标高	☐
6	终点顶标高(m)	墙顶标高	☐
7	起点底标高(m)	墙底标高	☐
8	终点底标高(m)	墙底标高	☐
9	备注		☐
10	⊞ 土建业务属性		
13	⊞ 显示样式		

	编码	类别	名称	项目特征	单位	工程量表达式	表达式说明
1	⊟ 011201001	项	墙面一般抹灰	水泥砂浆墙面(外墙5B) 1.6厚1:2.5水泥砂浆罩面 2.12厚1:3水泥砂浆打底扫毛或划出纹道	m2	QMDKMJ	QMDKMJ<墙面抹灰面积>
2	子目1	补	6厚1:2.5水泥砂浆罩面		m2	QMDKMJ	QMDKMJ<墙面抹灰面积>
3	子目2	补	12厚1:3水泥砂浆打底扫毛或划出纹道		m2	QMDKMJ	QMDKMJ<墙面抹灰面积>

图 4-11　外墙 5B 的属性和做法

4.3.2 画屋面层女儿墙装修

　　用"点"式画女儿墙的装修，画好的女儿墙装修如图 4-12 所示。

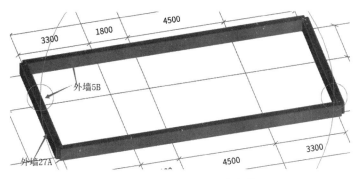

图 4-12　画屋面层女儿墙装修

4.3.3　画压顶装修

软件在计算女儿墙内墙和外墙装修时，已经包含了压顶的两侧，压顶的上侧装修需要表格输入，其属性和做法如图 4-13 所示。

	属性名称	属性值
1	构件名称	压顶装修（女儿墙顶部）
2	构件类型	其它
3	构件数量	1
4	备注	

	编码	类别	名称	项目特征	单位	工程量表达式	工程量	措施项目	专业
1	011201001	项	墙面一般抹灰	水泥砂浆墙面（外墙B） 1.6厚1:2.5水泥砂浆罩面 2.12厚1:3水泥砂浆打底扫毛或划出纹道	m2	39.44*0.3	11.832	□	建筑工程
2	子目1	补	6厚1:2.5水泥砂浆罩面		m2	QDL{清单量}	11.832	□	
3	子目2	补	12厚1:3水泥砂浆打底扫毛或划出纹道		m2	QDL{清单量}	11.832	□	

图 4-13　画压顶装修的属性和做法

温馨提示：压顶顶部抹灰面积＝压顶的中心线长度×压顶宽度＝39.44×0.3＝11.832（m^2），压顶的中心线长度＝[(13.4−0.24)＋(6.8−0.24)]×2＝39.44（m）。

4.3.4　查看女儿墙装修软件计算结果

（1）女儿墙外墙装修软件计算结果。汇总结束后，在画"墙面"的状态下，用"批量选择"的方法选中屋面层所有"外墙27A"，单击"查看工程量"→单击"做法工程量"。屋面层女儿墙外墙装修软件计算结果如表 4-9 所示。

表 4-9　屋面层女儿墙外墙装修软件计算结果

编码	项目名称	单位	工程量
011204003	块料墙面	m^2	26.6856
子目 1	8mm 厚白色面砖，专用瓷砖黏结剂粘贴	m^2	26.6856
011001003	保温隔热墙面	m^2	26.6856
子目 1	2.5～7mm 厚抹聚合物抗裂砂浆，聚合物抗裂砂浆硬化后铺镀锌钢丝网片	m^2	26.6856
子目 2	满贴 50mm 厚硬泡聚氨酯保温层	m^2	26.6856
子目 3	3～5mm 厚黏结砂浆	m^2	26.6856
子目 4	20mm 厚 1∶3 水泥防水砂浆（基层界面或毛化处理）	m^2	26.6856

单击"退出",退出查看构件图元工程量对话框。

（2）女儿墙内墙装修软件计算结果。汇总结束后，屋面层女儿墙内墙装修软件计算结果如表 4-10 所示。

表 4-10　女儿墙内墙装修软件计算结果

编码	项目名称	单位	工程量
011201001	墙面一般抹灰	m²	25.3752
子目1	6mm 厚 1：2.5 水泥砂浆罩面	m²	25.3752
子目2	12mm 厚 1：3 水泥砂浆打底扫毛或划出纹道	m²	25.3752

单击"退出",退出查看构件图元工程量对话框。

4.4　屋面层其它工程量计算

屋面排水管工程量计算

学习目标

根据屋面平面图找出屋面排水管的位置和个数，并用表格输入法计算排水管的工程量。

4.4.1　排水管工程计算

从建施 3 屋面平面图可以看出有四根排水管，分别在屋面四个角位置，屋面板的底标高为 7.05，而室外地坪的标高为 -0.45，那么排水管高度为 7.05-(-0.45)=7.5（m）。每个落水管屋面下口位置有个雨水斗，四根排水管下应有四个雨水斗。

温馨提示：排水管的长度为室外地坪到檐口底部的长度。

4.4.2　在表格输入法里计算排水管的工程量

在表格输入法里计算排水管的工程量，输入好的排水管的工程量如图 4-14 所示。

属性名称	属性值
1 构件名称	排水管
2 构件类型	其它
3 构件数量	1
4 备注	

	编码	类别	名称	项目特征	单位	工程量表达式	工程量	措施项目	专业
1	─ 010902004	项	屋面排水管	UPVC	m	7.5*4	30	☐	建筑工程
2	子目1	补	排水管		m	QDL[清单量]	30	☐	
3	子目2	补	水口		个	4	4	☐	
4	子目3	补	水斗		个	4	4	☐	

图 4-14　在表格输入法里计算排水管的工程量

第 5 章　基础层工程量计算

任务引导

请大家先熟悉一下基础层的图纸，并从图纸中找出下列信息：基础的类型，基础垫层、基础梁、柱、大开挖工程等。

5.1　基础层要计算哪些工程量

在画构件之前，首先列出基础层要计算的构件，如图 5-1 所示。

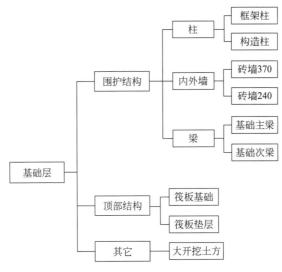

图 5-1　基础层的主要构件

5.2 基础层主体结构工程量计算

5.2.1 筏板工程量计算

学习目标

根据筏板基础底板配筋图了解筏板基础尺寸、钢筋等信息，准确定义并编辑筏板基础的属性，正确套筏板基础的做法，正确画图，并汇总计算得出筏板基础的混凝土、模板及钢筋工程量。

从结施 1（筏板基础配筋图）可以看出，筏板的底标高为"－1.5m"，厚度为"300mm"，其平面形状就是"外墙皮宽出 250mm"，在基础层重新画筏板基础很麻烦，可以把首层墙柱复制下来，利用外墙外边线布置筏板就比较简单，而且基础层墙也要计算工程量。首先把首层墙柱复制下来。

5.2.1.1 将首层墙、柱复制到基础层

将楼层切换到"基础层"→单击"从其它楼层复制构件图元"，弹出"从其它楼层复制图元"对话框→单击全部展开→下列"砖墙240、砖墙370与柱"构件前的"√"，如图 5-2 所示。

图 5-2 将首层墙、柱复制到基础层

弹出"提示"对话框→单击"确定"，这样首层柱就复制到基础层了。

5.2.1.2 定义筏板基础的属性和做法

单击"基础"前面的"■"使其展开→单击"筏板基础"→单击"新建"下拉菜单→

单击"新建筏板基础"→修改名字为"筏板",其属性和做法如图 5-3 所示。

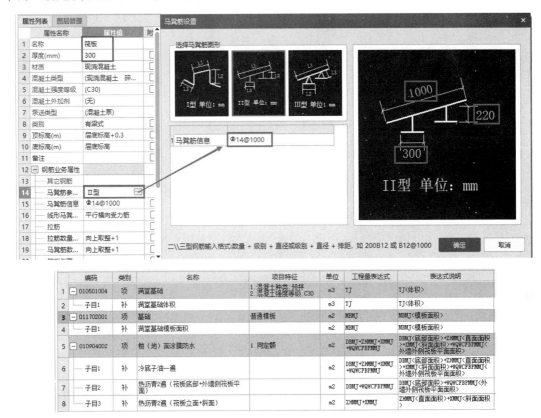

图 5-3　筏板基础的属性和做法

温馨提示:筏板里马凳筋通常用第二种形状的,直径根据现场钢筋方案设置,本工程暂定用三级钢筋直径 14mm 的马凳筋,300mm 是经验数字,220mm 是基础厚减两个保护层厚度(即 300－2×40)。

5.2.1.3　画筏板基础

(1)先将筏板基础画到外边线。在画"筏板基础"的状态下,选中"筏板基础"名称→单击"智能布置"下拉菜单→单击"外墙外边线"→拉框选择墙体→单击右键结束,这样筏板基础就布置到外墙外边线了,如图 5-4 所示。

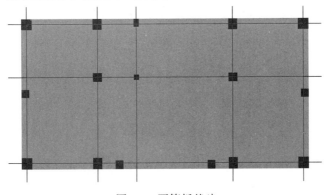

图 5-4　画筏板基础

（2）偏移筏板基础。这时候筏板基础虽然画好了，但是并不符合图纸要求，从结施 1（筏板配筋图）可以看出，筏板基础外边线宽出外墙外边线 250mm，所以要将刚才画好的筏板基础向外偏移 250mm，操作步骤如下。

在画"筏板基础"的状态下，选中"筏板基础"名称→单击右键弹出右键菜单→单击"偏移"，弹出"请选择偏移方式对话框"→单击"整体偏移"→拖住鼠标向外移，填写偏移值"250"→敲回车结束，这样筏板基础就偏移好了，如图 5-5 所示。

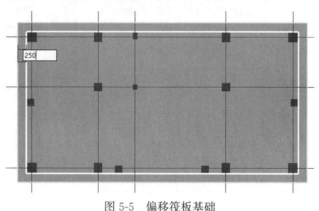

图 5-5　偏移筏板基础

（3）修改筏板基础的边坡。这时候筏板基础虽然大小画对了，但是边坡并不符合图纸要求，从结施 1 可以看出，本工程筏板基础边坡为斜坡，而现在软件画出的边坡是齐的，具体修改操作步骤如下。

在画"筏板基础"的状态下，选中已画好的"筏板基础"→单击右键弹出右键菜单→单击"设置边坡"，弹出"设置所有边坡"对话框→选择"边坡节点 3"→修改边坡尺寸（图 5-6）→单击"确定"，这样筏板基础边坡就修改好了。

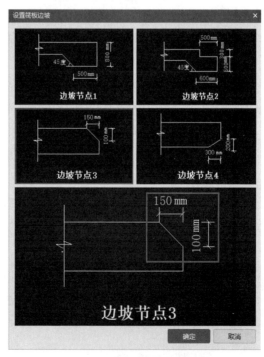

图 5-6　修改筏板基础的边坡

5.2.1.4　布置筏板基础的钢筋

根据结施 1（筏板基础配筋图）来进行钢筋的布置。

（1）筏板主筋

① 定义筏板主筋。筏板主筋包括筏板底筋与筏板面筋。

单击"基础"前面的"**⊞**"使其展开→单击下一级的"筏板主筋"→单击"新建"下拉菜单→单击"新建筏板主筋"→在属性列表内修改名称为"D-C18-200（底筋）"→填写钢筋信息为"C18-150"，如图 5-7 所示。

用同样的方法定义 M-C18-150（面筋），如图 5-8 所示。

	属性名称	属性值	附加
1	名称	D-C18-150	☐
2	类别	底筋	☐
3	钢筋信息	Φ18@150	☐
4	备注		☐
5	⊞ 钢筋业务属性		
14	⊞ 显示样式		

	属性名称	属性值	附加
1	名称	M-C18-150	☐
2	类别	面筋	☐
3	钢筋信息	Φ18@150	☐
4	备注		☐
5	⊞ 钢筋业务属性		
14	⊞ 显示样式		

图 5-7　定义 D-C18-200 的属性　　　　图 5-8　定义 M-C18-150 的属性

② 布置筏板主筋。单击"建模"按钮进入绘图界面→单击"布置受力筋"→单击选择"单板"→单击选择"XY 方向"进入"智能布置"对话框→选择"底筋"为"D-C18@150"，"面筋"为"M-C18@150"→单击筏板处任意一点，如图 5-9 所示。

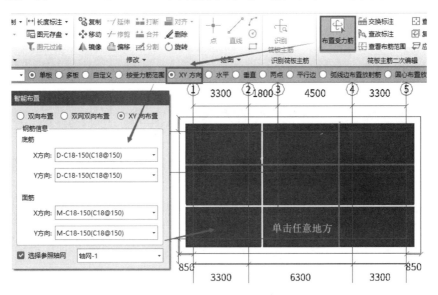

图 5-9　布置筏板主筋

（2）筏板负筋

① 定义筏板负筋。单击"基础"前面的"**⊞**"使其展开→单击下一级的"筏板负筋"→单击新建下拉菜单→单击"新建筏板负筋"→在属性列表内修改名称为"①C18-150"→填写钢筋信息为"Φ18@150"，如图 5-10 所示。

② 布置筏板负筋。单击"建模"按钮进入绘图界面→单击"布置负筋"→单击"画线布置"，按照"筏板配筋图"进行布置，布置好的筏板负筋如图 5-11 所示。

图 5-10 定义①C18-150 的属性

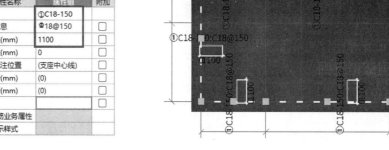

图 5-11 布置筏板负筋

5.2.1.5 查看筏板基础软件计算结果

（1）筏板基础混凝土工程量。汇总结束后，在画"筏板基础"的状态下，选中画好的筏板基础，单击"查看工程量"→单击"做法工程"。基础层筏板基础的软件计算结果如表 5-1 所示。

表 5-1 筏板基础工程量汇总表

编码	项目名称	单位	工程量
010501004	满堂基础	m³	30.126
子目 1	满堂基础体积	m³	30.126
011702001	基础	m²	8.48
子目 1	满堂基础模板面积	m²	8.48
010904001	楼（地）面卷材防水	m²	121.5656
子目 1	冷底子油一遍	m²	121.5656
子目 2	热沥青 2 遍（筏板底部+外墙侧筏板平面）	m²	105.55
子目 3	热沥青 2 遍（筏板立面+斜面）	m²	16.0156

单击"退出"，退出"查看构件图元工程量"对话框。

（2）筏板基础马凳筋工程量。在画"筏板基础"的状态下，单击"工程量"进入主界面→单击"查看钢筋量"按钮，选中筏板基础，弹出"查看钢筋量"对话框，可得到筏板基础的钢筋量（马凳筋），如表 5-2 所示。

表 5-2 筏板基础的钢筋量（马凳筋）汇总表

构件名称	钢筋总质量/kg	HRB400/kg	
		14mm	合计
筏板	296.16	296.16	296.16
合计	296.16	296.16	296.16

钢筋总质量/kg：296.16

单击右上角的"×"按钮，退出查看钢筋量对话框。

（3）筏板主筋工程量。在画"筏板主筋"的状态下，单击"工程量"进入主界面→单击

"查看钢筋量"按钮，拉框选择所有筏板主筋，弹出"查看钢筋量"对话框，可得到筏板主筋的工程量，如表 5-3 所示。

表 5-3　筏板主筋工程量汇总表

构件名称	构件数量	钢筋总质量/kg	HRB400/kg	
			18mm	合计
D-C18-150	1	1396.696	1396.696	1396.696
D-C18-150	1	1423.272	1423.272	1423.272
M-C18-150	1	1460.196	1460.196	1460.196
M-C18-150	1	1466.18	1466.18	1466.18
合计		5746.344	5746.344	5746.344

钢筋总质量/kg：5746.344

单击右上角的"×"按钮，退出查看钢筋量对话框。

（4）筏板负筋工程量。筏板负筋的工程量，如表 5-4 所示。

表 5-4　筏板负筋工程量汇总表

构件名称	构件数量	钢筋总质量/kg	HRB400/kg	
			18mm	合计
①C18@150	4	48.4	48.4	48.4
①C18@150	4	92.4	92.4	92.4
合计		563.2	563.2	563.2

钢筋总质量/kg：563.2

单击右上角的"×"按钮，退出查看钢筋量对话框。

5.2.2　筏板垫层工程量计算

 学习目标

　　根据筏板基础配筋图了解筏板基础垫层厚度、出边距离等信息，准确定义并编辑筏板基础垫层的属性，正确套筏板基础垫层的做法，正确画图，并汇总计算得出筏板基础垫层的混凝土和模板工程量。

5.2.2.1　定义基础垫层的属性和做法

　　单击"基础"前面的"⊞"使基础展开→单击"垫层"→单击"新建"下拉菜单→单击"新建面式垫层"→修改名称为"筏板垫层"，其属性和做法如图 5-12 所示。

5.2.2.2　画基础垫层

　　在画"垫层"的状态下，选中"垫层"名称→单击"智能布置"下拉菜单→单击"筏板"→选中已画好的筏板基础→单击右键，弹出"请输入出边距离"对话栏→输入出边距离"100"→单击"确定"，这样基础垫层就画好了，如图 5-13 所示。

图 5-12 筏板垫层的属性和做法

筏板基础

垫层

图 5-13 画好的筏板基础

5.2.2.3 查看筏板基础垫层软件计算结果

汇总结束后，在画"垫层"的状态下，选中画好的筏板基础垫层，单击"查看工程量"→单击"做法工程"。基础层筏板基础垫层工程量软件计算结果如表 5-5 所示。

表 5-5 筏板基础垫层工程量软件计算

编码	项目名称	单位	工程量
010501001	垫层	m³	10.575
子目 1	筏板垫层体积	m³	10.575
011702001	基础	m²	4.32
子目 1	筏板垫层模板面积	m²	4.32

单击"退出"，退出"查看构件图元工程量"对话框。

5.2.3 基础梁工程量计算

 学习目标

能看懂基础梁的平法配筋图，并从中找出梁的截面尺寸、集中标注与原位标注、肢数等信息，准确定义并编辑基础梁的属性，正确套基础梁的做法，正确画图，并汇总计算得出基础梁的混凝土、模板及钢筋的工程量。

5.2.3.1 定义基础梁

单击"基础"前面的"██"使其展开→单击"基础梁"→单击"新建"下拉菜单→单击"新建基础梁"→修改其名称为"JZL1"，其属性和做法如图 5-14 所示。

	属性名称	属性值	附加
1	名称	JZL1	
2	类别	基础主梁	☐
3	截面宽度(mm)	500	☐
4	截面高度(mm)	500	☐
5	轴线距梁左边...	(250)	☐
6	跨数量		☐
7	箍筋	Φ12@100/200(6)	☐
8	胶数	6	
9	下部通长筋	6Φ25	☐
10	上部通长筋	6Φ25	☐
11	侧面构造或受...		☐
12	拉筋		☐
13	材质	现浇混凝土	☐
14	混凝土类型	(现浇混凝土 ...	☐
15	混凝土强度等级	(C30)	☐

	编码	类别	名称	项目特征	单位	工程量表达式	表达式说明
1	⊟ 010503001	项	基础梁	1.混凝土种类:预拌 2.混凝土强度等级:C30	m3	TJ	TJ<体积>
2	子目1	补	基础梁体积		m3	TJ	TJ<体积>
3	⊟ 011702005	项	基础梁模板	普通模板	m2	MBMJ	MBMJ<模板面积>
4	子目1	补	基础梁模板面积		m2	MBMJ	MBMJ<模板面积>

图 5-14　JZL1 的属性和做法

单击"JZL1",点击"复制"(四次),软件会自动生成 JZL2、JZL3、JZL4、JZL5,根据结施 2 中的具体信息修改截面尺寸与钢筋信息,做法与 JZL1 保持不变,定义好的 JZL2、JZL3、JZL4、JZL3-基础次梁的属性如图 5-15 所示。

图 5-15　定义 JZL2、JZL3、JZL4、JCL1 基础次梁的属性

5.2.3.2　画基础梁

(1)画基础梁。按照建施 2 来画基础梁,其原位标注与首层梁的做法一致,这里不再进行赘述,画好的基础梁如图 5-16 所示。

温馨提示:画基础的时候可以在英文状态下按"Q"将墙隐藏掉,这样更清晰画基础梁。

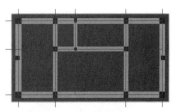

图 5-16　画好的基础梁

（2）设置次梁加筋。单击"原位标注"，单击C轴上的JZL1，在梁平法表格中第二跨的次梁加筋输入6，如图5-17所示。

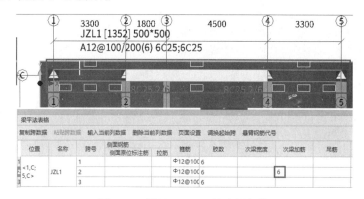

图5-17 设置JZL1上的次梁加筋

单击B轴上的JZL4，在量平法表格中的次梁加筋输入6，如图5-18所示。

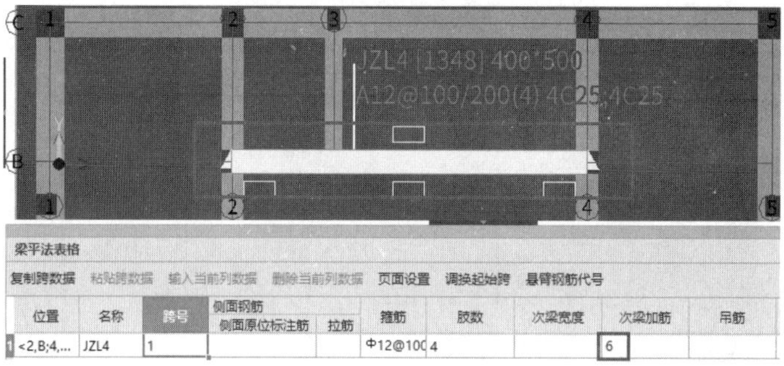

图5-18 设置JZL4的次梁加筋

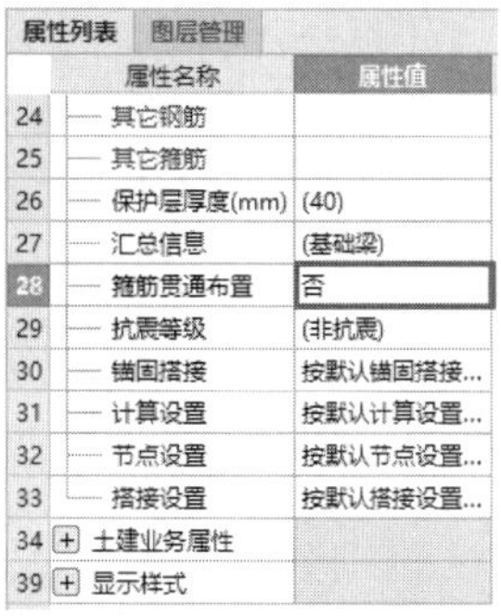

图5-19 修改箍筋设置

单击选中1、2、4、5轴上的基础梁，展开"钢筋业务属性"，将28行的"箍筋贯通布置"修改为"否"，如图5-19所示。

温馨提示：基础梁相交的位置箍筋不能重复计算。

5.2.3.3 查看基础梁软件计算结果

（1）基础梁混凝土工程量。汇总结束后，在画"基础梁"的状态下，选中画好的基础梁，单击"查看工程量"→单击"做法工程"，基础层基础梁工程量软件计算结如如表5-6所示。

表5-6 基础梁工程量汇总表

编码	项目名称	单位	工程量
010503001	基础梁	m³	5.357
子目1	基础梁体积	m³	5.357
011702005	基础梁	m²	22.54
子目1	基础梁模板面积	m²	22.54

单击"退出"，退出"查看构件图元工程量"对话框。

（2）基础梁钢筋工程量。单击"工程量"进入主界面→单击"查看钢筋量"按钮，拉框选择所有画好的基础梁，弹出"查看钢筋量"对话框，可得到基础梁的钢筋量，如表 5-7 所示。

表 5-7　基础梁钢筋工程量汇总表

构件名称	构件数量	钢筋总质量/kg	HPB300/kg			HRB400/kg		
			10mm	12mm	合计	20mm	25mm	合计
JZL1	1	1152.102		422.382	422.382		729.72	729.72
JZL1	1	1177.194		447.474	447.474		729.72	729.72
JZL2	2	434.728		112.924	112.924		321.804	321.804
JZL3	2	394.591		121.045	121.045		273.546	273.546
JZL4	1	376.195		149.195	149.195		227	227
JCL1 基础次梁	1	107.458	50.054		50.054	57.404		57.404
合计		4471.587	50.054	1486.989	1537.043	57.404	2877.14	2934.544

钢筋总质量/kg：4471.587

单击右上角的"×"按钮，退出查看钢筋量对话框。

5.2.4　基础层墙柱工程量

🎯 **学习目标**

把墙柱复制下来，因墙柱和基础筏板及基础梁有扣减关系，所以要先画上基础筏板和基础梁，直接汇总得出墙柱的工程量。

5.2.4.1　基础框架柱工程量

（1）框架柱混凝土工程量。汇总结束后，在画"柱"的状态下，"批量选择"选中画好的框架柱→单击"查看工程量"→单击"做法工程"。基础层框架柱工程量软件计算结果如表 5-8 所示。

表 5-8　基础层框架柱工程量汇总表

编码	项目名称	单位	工程量
010502001	矩形柱	m³	2.014
子目 1	框架柱体积	m³	2.014
011702002	矩形柱	m²	17.48
子目 1	框架柱模板面积	m²	17.48
子目 2	框架柱超高模板面积	m²	0

单击"退出"，退出查看构件图元工程量对话框。

（2）框架柱钢筋工程量。单击"工程量"进入主界面→单击"查看钢筋量"按钮，拉框选择所有画好的框架柱，弹出"查看钢筋量"对话框，可得到框架柱的钢筋量，如表 5-9 所示。

表 5-9　基础框架柱钢筋量汇总表

构件名称	构件数量	钢筋总质量/kg	HPB300/kg			HRB400/kg	
			8mm	10mm	合计	18mm	合计
KZ1	4	79.204		2.564	2.564	76.64	76.64
KZ2	4	69.378		2.318	2.318	67.06	67.06
KZ3	2	58.768	1.288		1.288	57.48	57.48
合计		711.864	2.576	19.528	22.104	689.76	689.76

钢筋总质量/kg：711.864

单击右上角的"×"按钮，退出查看钢筋量对话框。

5.2.4.2　基础构造柱工程量

（1）构造柱混凝土工程量。在画"构造柱"的状态下，"批量选择"选中画好的构造柱→单击"查看工程量"→单击"做法工程"。基础层构造柱工程量软件计算结果如表 5-10 所示。

表 5-10　基础层构造柱工程量汇总表

编码	项目名称	单位	工程量
010502002	构造柱	m³	0.7919
子目 1	构造柱体积	m³	0.7919
011702003	构造柱	m²	4.864
子目 1	构造柱模板面积	m²	4.864

单击"退出"，退出查看构件图元工程量对话框。

（2）构造柱钢筋工程量。单击"工程量"进入主界面→单击"查看钢筋量"按钮，拉框选择所有画好的构造柱，弹出"查看钢筋量"对话框，可得到构造柱的钢筋量，如表 5-11 所示。

表 5-11　基础构造柱钢筋量汇总表

构件名称	构件数量	钢筋总质量/kg	HPB300/kg			HRB400/kg	
			6mm	8mm	合计	12mm	合计
GZ1-240	1	11.206	1.518		1.518	9.688	9.688
GZ1-240×370	1	11.614	1.926		1.926	9.688	9.688
GZ1-370	2	12.016	2.328		2.328	9.688	9.688
GZ2	2	13.264		3.576	3.576	9.688	9.688
合计		73.38	8.1	7.152	15.252	58.128	58.128

钢筋总质量/kg：73.38

单击右上角的"×"按钮，退出查看钢筋量对话框。

5.2.4.3　基础墙工程量

（1）基础墙工程量。在画"砌体墙"的状态下，拉框选中画好的砌体墙，单击"查看工程量"→单击"做法工程"。基础墙工程量软件计算结果如表 5-12 所示。

表 5-12　基础墙工程量汇总表

编码	项目名称	单位	工程量
010401003	实心砖墙（内墙240）	m³	4.218
子目1	砖墙240体积	m³	4.218
010401003	实心砖墙（外墙370）	m³	11.3664
子目1	砖墙370体积	m³	11.3664

单击"退出"，退出查看构件图元工程量对话框。

（2）基础墙钢筋工程量。单击"工程量"进入主界面→单击"查看钢筋量"按钮，拉框选择所有画好的基础墙，弹出"查看钢筋量"对话框，可得到基础墙的钢筋量，如表 5-13 所示。

表 5-13　基础墙钢筋量汇总表

构件名称	构件数量	钢筋总质量/kg	HPB300/kg	
			6mm	合计
砖墙370	2	20.886	20.886	20.886
砖墙370	2	9.978	9.978	9.978
砖墙240	1	2.864	2.864	2.864
砖墙240	1	6.756	6.756	6.756
砖墙240	2	6.856	6.856	6.856
合计		85.06	85.06	85.06

钢筋总质量/kg：85.06

单击右上角的"×"按钮，退出查看钢筋量对话框。

5.3　基础层大开挖工程量计算

学习目标

筏板基础土方采用的是大开挖方式，根据结施1计算挖土的深度，判断是否需要放坡？如果需放坡，其放坡系数是多少，准确定义并编辑大开挖的属性，正确套用大开挖土方的做法，正确画图，并汇总计算得出大开挖土方的工程量。

根据结施1，本工程挖土深度为1.15m［室外地坪到筏板垫层底部＝-0.45-（-1.6）＝1.15m］，根据2013清单规定，挖土深度不满足三类土的放坡起点1.5m，因此不考虑放坡。

5.3.1　定义大开挖土方的属性和做法

单击"土方"前面的" "使基础展开→单击"大开挖土方"→单击"新建"下拉菜单→单击"新建大开挖"→修改名称为"大开挖土方"，其属性和做法如图5-20所示。

属性列表

	属性名称	属性值	附加
1	名称	大开挖土方	
2	土壤类别	一二类土	☐
3	深度(mm)	1150	☐
4	放坡系数	0	☐
5	工作面宽(mm)	300	☐
6	挖土方式	人工挖土	☐
7	顶标高(m)	-0.45	☐
8	底标高(m)	-1.6	☐
9	备注		☐
10 ⊞	土建业务属性		
13 ⊞	显示样式		

	编码	类别	名称	项目特征	单位	工程量表达式	表达式说明
1	⊟ 010101002	项	挖一般土方	1.三类土	m3	TFTJ	TFTJ<土方体积>
2	└ 子目1	补	大开挖土方		m3	TFTJ	TFTJ<土方体积>
3	└ 子目2	补	余土外运		m3	TFTJ-STHTTJ	TFTJ<土方体积>-STHTTJ<素土回填体积>
4	⊟ 010103001	项	回填方		m3	STHTTJ	STHTTJ<素土回填体积>
5	└ 子目1	补	土（石）方回填		m3	STHTTJ	STHTTJ<素土回填体积>

图 5-20　大开挖土方的属性和做法

5.3.2　布置大开挖土方

图 5-21　布置大开挖土方

在画"大开挖土方"的状态下，选中"大开挖土方"名称→单击"智能布置"下拉菜单→单击"面式垫层"→拉框选择垫层→单击右键结束。这样大开挖土方就布置好了，如图 5-21 所示。

5.3.3　查看大开挖土方软件计算结果

汇总结束后，在画"大开挖土方"的状态下，拉框选中画好的砖墙，单击"查看工程量"→单击"做法工程量"，大开挖土方工程量软件计算结果如表 5-14 所示。

表 5-14　大开挖土方工程量汇总表

编码	项目名称	单位	工程量
010101002	挖一般土方	m³	136.9305
子目 1	大开挖土方	m³	136.9305
子目 2	余土外运	m³	56.7953
010103001	回填方	m³	80.1352
子目 1	土（石）方回填	m³	80.1352

单击"退出"，退出查看构件图元工程量对话框。

5.4　基础层装修工程量计算

学习目标

从结施 1 找出基础外墙的防水信息，准确定义并编辑基础外墙防水的属性，正确套用基础外墙防水的做法，正确画图，并汇总计算得出基础外墙防水的工程量。

5.4.1　定义基础外墙防水的属性和做法

单击"装修"前面的"■■"使其展开→单击下一级"墙面"→单击"新建外墙面"→在属性列表内改"名称"为"外墙防水"。基础外墙防水的属性和做法如图 5-22 所示。

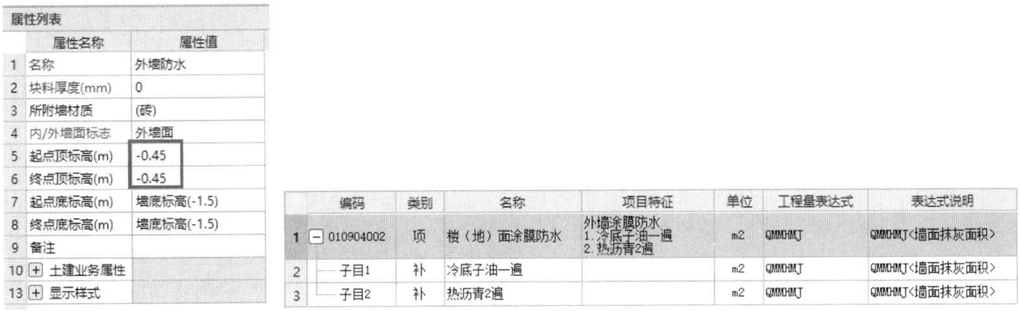

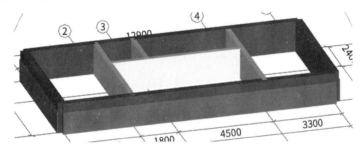

图 5-22　基础外墙防水的属性和做法

5.4.2　画基础外墙防水

单击"建模"进入绘图界面→在画墙面的状态下→选中"外墙防水"名称→单击"点"→分别点基础外墙的外侧,如图 5-23 所示。

图 5-23　画基础外墙防水

5.4.3　查看基础外墙防水软件计算结果

汇总结束后,在画"外墙防水"的状态下,拉框选中外墙面,单击"查看工程量"→单击"做法工程量",其做法工程量如表 5-15 所示。

表 5-15　基础外墙防水工程量汇总表

编码	项目名称	单位	工程量
010904002	楼(地)面涂膜防水	m²	42.42
子目 1	冷底子油一遍	m²	42.42
子目 2	热沥青 2 遍	m²	42.42

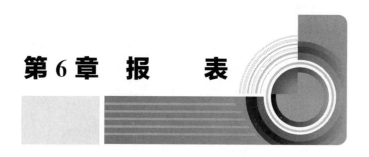

第6章 报 表

在报表汇总前首先进行全楼的"汇总计算",单击"工程量"→单击"汇总计算"→单击"全楼"→单击"确定",如图 6-1 所示。

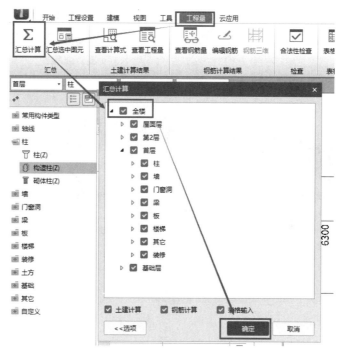

图 6-1 全楼的汇总计算

6.1 钢筋报表汇总

单击"查看报表",弹出"报表"对话框→单击"设置报表范围"→单击选择"所有楼层"→单击"确定"→单击"钢筋接头汇总表"→单击"导出"下的"导出到 Excel 文件(X)",并选择导出路径即可。如图 6-2 所示。

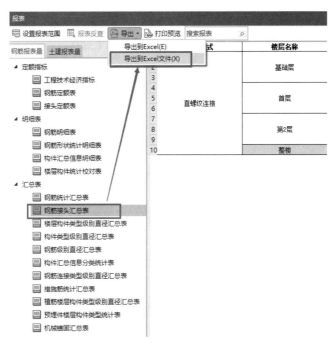

图 6-2 钢筋接头汇总表导出

按照此步骤，分别导出"构件类型级别直径汇总表""措施筋统计汇总表"及"植筋楼层构件类型级别直径汇总表"。

温馨提示：钢筋报表只需导出"钢筋接头汇总表""构件类型级别直径汇总表""措施筋统计汇总表"及"植筋楼层构件类型级别直径汇总表"这四个表。如图 6-3 所示。

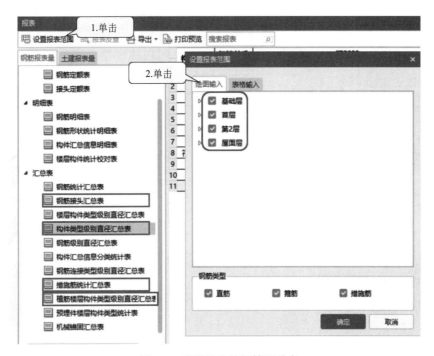

图 6-3 需要导出的钢筋汇总表

6.2 土建报表汇总

单击"土建报表量"→单击"清单定额汇总表"→单击"导出"下的"导出到 Excel 文件（X）"，并选择导出路径即可。如图 6-4 所示。

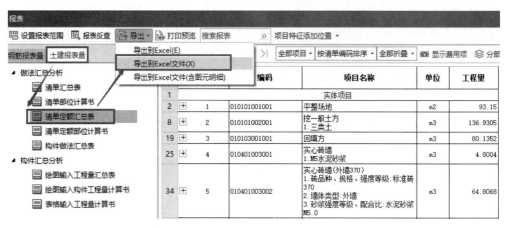

图 6-4　清单定额汇总表导出

温馨提示：在导出清单定额汇总表时，可以选择全部项目导出，也可以分别选择实体项目、措施项目分别导出。如图 6-5 所示。

图 6-5　选择项目导出的类别

按照同样的方法和步骤，导出构件汇总分析下的"绘图输入工程量汇总表"，并设置分类条件。如图 6-6 所示。

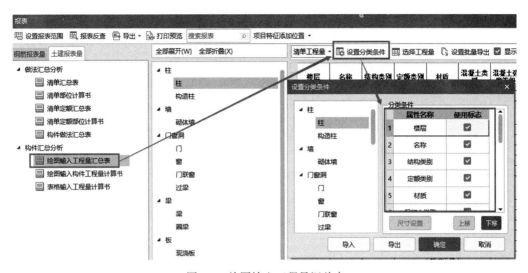

图 6-6 绘图输入工程量汇总表

第 2 篇
广联达云计价平台
GCCP5.0

"广联达云计价平台 GCCP5.0"是迎合广联达公司互联网+平台服务商战略转型，为计价客户群提供概算、预算、结算阶段的数据编制、审核、积累、分析和挖掘再利用的平台产品。该平台基于大数据、云计算等信息技术，实现计价全业务一体化，全流程覆盖，从而使造价工作更高效、更智能。

本篇主要介绍广联达云计价平台软件进行计价的整个操作流程，以上一篇的案例工程为对象，以建筑工程计量与计价的基本理论为基础，以任务为驱动介绍工程量清单计价的相关内容，将上一篇的工程量计算结果输入到该计价软件中进行综合单价的组价，并独立完成一个单位工程的招标工程量清单和招标控制价的编制。

该计价软件思路：采用《建设工程工程量清单计价规范》（GB 50500—2013）规范进行计价，单位工程造价由分部分项工程费、措施项目费、其它项目费、规费和税金组成。将快算公司培训楼工程量计算结果输入计价软件进行综合单价的组价。

该计价软件的操作流程：启动软件→新建项目→编制清单及招投标报价→新建单项工程→新建单位工程→输入清单→设置项目特征及其显示规则→定额组价→措施项目→其它项目→人材机调价→费用汇总。

在进行计价工作之前必须完成以下两项工作：

（1）已经完成了该案例工程的土建工程量计算；

（2）已经完成了该工程的钢筋量计算。

本工程以快算公司培训楼为范本，在上一篇已经完成了以上两项工作，成功导出了钢筋和土建 Excel 表，并根据这些导出的表格进行工程量清单计价。

第 7 章　实体项目

 任务引导

在用"广联达云计价平台 GCCP5.0"计算案例工程的计价时，根据上一篇计量软件导出的土建工程量对本工程的实体构件进行清单及定额的组价，在输入清单时，要对构件的部位、材质、厚度、砂浆强度等级等进行清楚的清单描述，并根据清单描述进行定额组价。当定额中的工料机与清单不符时，应及时进行标准换算。

7.1　新建工程及功能介绍

7.1.1　新建工程

双击"广联达云计价平台 GCCP5.0"→打开软件→单击"离线使用"→单击"个人模式"中的"新建"→单击"新建招投标项目"，软件弹出"新建工程"，选择所在地区（以山西为例）→单击"清单计价"下的"新建单位工程"，按所在地区分别选择清单库、清单专业、定额库、定额专业。如图 7-1 所示。

图 7-1　新建工程

温馨提示：利用计价软件进行计价时实行三级项目管理，即建设项目、单项工程和单位工程，本案例只有单位工程，没有上两级的建设项目和单项工程，因此，只新建单位工程。

7.1.2 软件功能布局

在正式开始各种构件的计价前，先熟悉一下计价软件的功能分区，软件大概分为四个功能区，即菜单栏、组价栏、构件清单定额组价区域和构件详情显示栏。如图7-2所示。

图 7-2 软件的功能分区图

（1）菜单栏主要包括项目招投标编制的按钮，包括项目报表的导入、清单定额的查询、插入等，方便对项目进行组价。

（2）组价栏主要是与单位工程造价构成的有关信息，包括造价分析、工程概况、取费设置、分部分项、措施项目、其它项目、人材机汇总、费用汇总。

① 造价分析的表格不用填写，等工程做完以后会自动生成。

② 工程概况

单击"工程概况"→单击"工程特征"，填写"建筑面积"为190.14（其它可以不填，建筑面积必须填写，否则会影响计价结果）。如图7-3所示。

③ 取费设置中的承包类型为"总承包"，费率按系统默认值。

④ 分部分项是本篇的重点，下面将重点介绍。

（3）构件清单定额组价区域主要是构件的清单定额工程量输入区域，包括构件的清单工程量设置及按照清单项目特征的定额组价。

（4）构件详情显示栏主要为项目中构件清单及定额的详情进行显示，方便对构件的主要材料根据项目特征进行换算，包括工料机显示、单价构成、标准换算、工程量明细等。

图 7-3　工程概况设置

7.2　土方工程

双击打开"快算公司培训楼-清单定额汇总"表格，以便后续工程量计价计算。

7.2.1　平整场地

7.2.1.1　平整场地的清单设置

单击"查询"下的"查询清单"→单击"建筑工程"前面的"›"将其展开→单击下一级"土石方工程"，单击"土方工程"→双击"010101001 平整场地"→单击"×"关闭，如图 7-4 所示。

图 7-4　土方工程的清单查询

单击"项目特征"的"▭"，对土方工程的项目特征进行描述。根据表格中平整场地的量对"工程量表达式"进行填写，如图 7-5 所示。

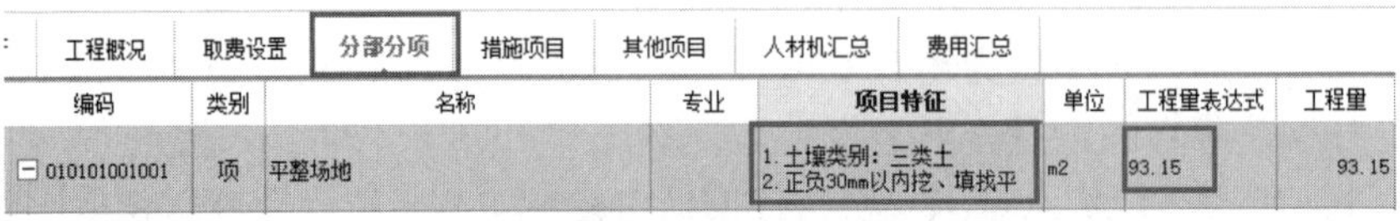

编码	类别	名称	专业	项目特征	单位	工程量表达式	工程量
010101001001	项	平整场地		1. 土壤类别：三类土 2. 正负30mm以内挖、填找平	m2	93.15	93.15

图 7-5　平整场地的工程量清单

温馨提示：如果上一篇导出的清单定额汇总表里已经有清单的项目特征，可以直接复制粘贴过来，不需再输入。

7.2.1.2　平整场地的定额设置

单击"查询"下的"查询定额"→单击"建筑工程"前面的"›"将其展开→单击第一章"土石方工程"中的"三、回填及其它"→双击"A1-78人工平整场地"→单击"×"关闭，如图7-6所示。

图7-6　土方工程的定额查询

平整场地的清单及定额设置如图7-7所示。

编码	类别	名称	专业	项目特征	单位	工程量表达式	工程量
─ 010101001001	项	平整场地		1.土壤类别：三类土 2.正负30mm以内挖、填找平	m2	93.15	93.15
A1-78	定	人工平整场地	土建		100m2	QDL	0.9315

图7-7　平整场地的清单及定额设置

温馨提示：人工平整场地的定额工程量，软件会自动匹配清单量。

7.2.2　挖土方

7.2.2.1　挖土方的清单及定额设置

① 挖土方的清单设置。单击"查询"下的"查询清单"→单击"建筑工程"前面的"›"将其展开→单击下一级"土石方工程"，单击"土方工程"→双击"010101002挖一般土方"→单击"×"关闭，并对挖土方的项目特征及工程量表达式进行填写。如图7-8所示。

编码	类别	名称	专业	项目特征	单位	工程量表达式	工程量
─ 010101002001	项	挖一般土方		1.挖土方式：人工挖土 2.土壤类别：三类 3.挖土深度：1.15米 4.弃土运距：15KM 5.基底钎探 6.人工夯实	m3	136.9305	136.93

图7-8　挖土方的工程量清单

温馨提示：项目特征描述和下面套定额有关系，一定要描述清楚。

挖土深度：室外地坪到基础垫层底的深度。

基底钎探：不单独套清单，应当跟在土方清单下。

② 挖土方的定额设置。单击"查询"下的"查询定额"→单击"建筑工程"前面的"›"将其展开→单击第一章"土石方工程"中的"一、土方工程"→单击"人工土方"→双击"A1-1人工挖土方普硬土深度2m以内"→单击"三、回填及其它"→双击"A1-80基

地钎探"→双击"A1-81 原土夯实两遍"→单击"╳"关闭，如图 7-9 所示。

编码	类别	名称	专业	项目特征	单位	工程量表达式	工程量
⊟ 010101002001	项	挖一般土方		1.挖土方式：人工挖土 2.土壤类别：三类 3.挖土深度：1.15米 4.弃土运距：15KM 5.基底钎探 6.人工夯实	m3	136.9305	136.93
A1-1	定	人工挖土方 普硬土 深度2m以内	土建		100m3	QDL	1.36931
A1-80	定	基底钎探	土建		100m2	0	0
A1-81	定	原土夯实两遍	土建		100m2	0	0

图 7-9　挖土方的清单及定额子目

添加定额工程量表达式，A1-1 定额量同清单量，按软件默认；A1-80 根据规则，基底钎探的量是基础垫层的水平投影面积 $105.72m^2$（见温馨提示）；A1-81 中输入 105.75。如图 7-10 所示。

编码	类别	名称	专业	项目特征	单位	工程量表达式	工程量
⊟ 010101002001	项	挖一般土方		1.挖土方式：人工挖土 2.土壤类别：三类 3.挖土深度：1.15米 4.弃土运距：15KM 5.基底钎探 6.人工夯实	m3	136.9305	136.93
A1-1	定	人工挖土方 普硬土 深度2m以内	土建		100m3	QDL	1.36931
A1-80	定	基底钎探	土建		100m2	105.75	1.0575
A1-81	定	原土夯实两遍	土建		100m2	105.75	1.0575

图 7-10　挖土方的定额工程量

温馨提示：基础垫层的水平投影面积表格中没有，在量筋合一计量软件中查询为 $105.72m^2$，如图 7-11 所示。

图 7-11　基础垫层工程量

7.2.2.2　回填土的清单及定额设置

对回填土的清单及定额进行设置，如图 7-12 所示。

编码	类别	名称	专业	项目特征	单位	工程量表达式	工程量
⊟ 010103001001	项	回填方		1.密实度要求：夯填 2.填方材料品种：素土 3.回填类型：肥槽回填	m3	80.1352	80.14
A1-64	定	回填土夯填	土建		100m3	QDL	0.80135
⊟ 010103001002	项	回填方		1.密实度要求：夯填 2.填方材料品种：素土 3.回填类型：房心回填	m3	16.37	16.37
A1-64	定	回填土夯填	土建		100m3	QDL	0.1637
⊟ 010103002001	项	余方弃置		弃土运距：15KM	m3	56.7953-16.37	40.43
A1-43	借	自卸汽车运土运距每增1000m	土建		1000m3	QDL	0.04043
A1-43 + A1-44 * 14	换	自卸汽车运土方 运距1km以内 实际运距（km）：15	土建		1000m3	QDL	0.04043

图 7-12　回填土的清单及定额设置

温馨提示：

1. 余土外运有两种方式：

① 现场有地方，把大开挖出来的土堆放在现场，回填的时候直接回填，回填剩余的土再外运；

② 现场没有地方堆放，直接把挖出来的土运到外面，回填的时候用多少再往回运多少，这种方式不存在余土外运。

本工程用的是第一种方式。

2. 010103002001 余方弃置的清单工程量要用挖土量减去基础回填后，再减掉房心回填工程量。

对 A1-43 进行换算，单击 "A1-43" → 单击 "标准换算"，在 "实际运距" 中输入 15，如图 7-13 所示。

图 7-13　对 A1-43 进行换算

温馨提示：

1. 清单描述：挖土方式、深度、土壤类别、运距、包括项。

2. 选择方式（挖土堆放方式，这个和运有关系）。

3. 定额中运输距离与实际情况不符时要换算。

7.3　砌筑工程

7.3.1　外墙 370

7.3.1.1　外墙 370 的清单设置

单击 "查询" 下的 "查询清单" → 单击 "建筑工程" 前面的 "›" 将其展开 → 单击下一级 "砌筑工程"，单击 "砖砌体" → 双击 "010401003 实心砖墙" → 单击 "×" 关闭，并对挖土方的项目特征及工程量表达式进行填写。如图 7-14 所示。

编码	类别	名称	专业	项目特征	单位	工程量表达式	工程量
⊟ 010401003001	项	实心砖墙		实心砖墙（外墙370） 1. 砖品种、规格、强度等级：标准砖370 2. 墙体类型：外墙 3. 砂浆强度等级、配合比：水泥砂浆M5.0	m3	64.8068	64.81

图 7-14　外墙 370 的工程量清单

7.3.1.2　外墙 370 的定额设置

单击 "查询" 下的 "查询定额" → 单击 "建筑工程" 前面的 "›" 将其展开 → 单击第四章 "砌筑工程" 中的 "一、砖砌体" → 双击 "A4-5 外墙 365mm 以内" → 单击 "×" 关闭。

对 A4-5 中的材料种类进行修改。单击 "A4-5" → 单击 "工料机显示" → 单击 "烧结煤矸石普通砖" → 双击 "机红砖" → 单击 "×" 关闭。如图 7-15 所示。

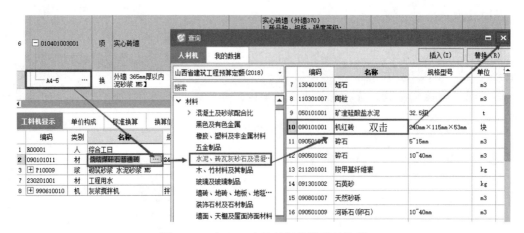

图 7-15　对 A4-5 中的材料种类进行换算

对 A4-5 中的砂浆种类进行修改。单击"A4-5"→单击"工料机显示"→单击"砂浆综合砂浆 M5"→双击"P10009 砌筑砂浆水泥砂浆 M5"→单击"×"关闭。如图 7-16 所示。

温馨提示：在工料机显示里查看砂浆种类，与实际情况不符时要修改。

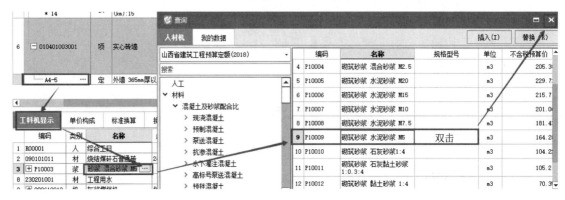

图 7-16　对 A4-5 中的砂浆种类进行换算

7.3.2　内墙 240

对内墙 240 的清单及定额进行设置，并对 A4-3 中的材料进行修改。如图 7-17 所示。

编码	类别	名称	专业	项目特征	单位	工程量表达式	工程量
─ 010401003002	项	实心砖墙		实心砖墙（内墙240） 1.砖品种、规格、强度等级：标准砖240 2.墙体类型：内墙 3.砂浆强度等级、配合比：水泥砂浆M5.0	m3	27.6776	27.68
A4-3	换	内墙 365mm厚以内　换为【机红砖240mm×115mm×53mm】换为【砌筑砂浆水泥砂浆 M5】	土建		10m3	QDL	2.76776

图 7-17　内墙 240 的工程量清单及定额

7.3.3　女儿墙 240

对女儿墙 240 的清单及定额进行设置，并对 A4-3 中的材料进行修改。如图 7-18 所示。

编码	类别	名称	专业	项目特征	单位	工程量表达式	工程量
⊟ 010401003003	项	实心砖墙		实心砖墙（女儿墙240） 1.砖品种、规格、强度等级： 标准砖240 2.墙体类型：外墙 3.砂浆强度等级、配合比：水 泥砂浆M5.0	m3	4.8004	4.8
└ A4-5	换	外墙 365mm厚以内　换为【砌筑砂浆 水 泥砂浆 M5】　换为【机红砖 240mm×115mm×53mm】	土建		10m3	QDL	0.48004

图 7-18　女儿墙 240 的工程量清单及定额

温馨提示：

1. 清单描述：部位、材质、厚度、砂浆强度等级。

2. 砌筑工程主要注意砂浆强度等级，检查定额中砂浆强度等级与清单描述是否一致，并进行"标准换算"。

3. 内墙 240 与女儿墙 240，查询清单、定额、清单描述、工程量输入，所有步骤同外墙 370。

4. 套定额要详细比对，选最适合的定额子目。

7.4　混凝土工程

7.4.1　混凝土基础

混凝土基础包括垫层、满堂基础，并分别对其进行清单与定额的设置。

7.4.1.1　垫层

垫层的工程量清单及定额设置，如图 7-19 所示。

编码	类别	名称	专业	项目特征	单位	工程量表达式	工程量
⊟ 010501001001	项	垫层		部位：筏板基础 1.混凝土种类：预拌 2.混凝土强度：C15	m3	10.575	10.58
└ A4-94	定	垫层 无筋混凝土	土建		10m3	QDL	1.0575

图 7-19　垫层的工程量清单及定额设置

7.4.1.2　满堂基础

满堂基础的工程量清单及定额设置，如图 7-20 所示。

编码	类别	名称	专业	项目特征	单位	工程量表达式	工程量
⊟ 010501004001	项	满堂基础		1.名称：满堂基础 2.混凝土种类：预拌 3.混凝土强度：C30	m3	30.126	30.13
└ A5-7	定	现浇混凝土 筏板基础 有梁式	土建		10m3	QDL	3.0126

图 7-20　满堂基础的工程量清单及定额设置

对满堂基础中的 A5-7 进行混凝土强度等级的修改，如图 7-21 所示。

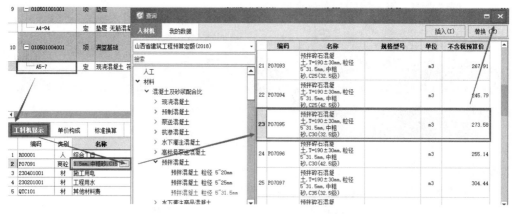

图 7-21 对 A5-7 混凝土强度等级进行修改

温馨提示：混凝土工程主要注意混凝土强度等级，检查定额中混凝土强度等级与清单描述是否一致，并进行"标准换算"。

7.4.2 混凝土柱

混凝土柱包括矩形柱与构造柱，其清单及定额设置如图 7-22 所示。

编码	类别	名称	专业	项目特征	单位	工程量表达式	工程量
□ 010502001001	项	矩形柱		矩形柱 1.混凝土种类：预拌 2.混凝土强度：C30	m3	17.278	17.28
└ A5-13	换	现浇混凝土 矩形柱 换为【预拌碎石混凝土,T=190±30mm,粒径5~31.5mm,中粗砂,C30(32.5级)】	土建		10m3	QDL	1.7278
□ 010502002001	项	构造柱		构造柱 1.混凝土种类：预拌 2.混凝土强度：C20	m3	6.0939	6.09
└ A5-15	定	现浇混凝土 构造柱	土建		10m3	QDL	0.60939

图 7-22 混凝土柱的工程量清单及定额

温馨提示：混凝土柱子、构造柱以及后面的所有混凝土构件，查询清单、定额、清单描述、工程量输入，以及混凝土强度等级的换算，所有步骤同混凝土基础。

7.4.3 混凝土梁

混凝土梁包括基础梁、框架梁、非框架梁、过梁，其清单及定额设置，如图 7-23 所示。

编码	类别	名称	专业	项目特征	单位	工程量表达式	工程量
□ 010503001001	项	基础梁		基础梁 1.混凝土种类：预拌 2.混凝土强度等级：C30	m3	5.357	5.36
└ A5-18 HP07091 P07095	换	现浇混凝土 基础梁 换为【预拌碎石混凝土,T=190±30mm,粒径5~31.5mm,中粗砂,C30(32.5级)】	土建		10m3	QDL	0.5357
□ 010503002001	项	矩形梁		矩形梁 1.混凝土种类：预拌 2.混凝土强度等级：C25	m3	18.8154	18.82
└ A5-19 HP07091 P07003	换	现浇混凝土 矩形梁 换为【预拌碎石混凝土,T=130±30mm,粒径5~20mm,中粗砂,C25(32.5级)】	土建		10m3	15.56	1.556
□ 010503002002	项	矩形梁（L1）		矩形梁 1.混凝土种类：预拌 2.混凝土强度等级：C25	m3	0.4148	0.41
└ A5-19	换	现浇混凝土 矩形梁 换为【预拌碎石混凝土,T=190±30mm,粒径5~31.5mm,中粗砂,C25(32.5级)】	土建		10m3	QDL	0.04148
□ 010503005001	项	过梁		过梁 1.混凝土种类：预拌 2.混凝土强度等级：C25	m3	2.557	2.56
└ A5-24	换	现浇混凝土 过梁 换为【预拌碎石混凝土,T=190±30mm,粒径5~31.5mm,中粗砂,C25(32.5级)】	土建		10m3	QDL	0.2557

图 7-23 混凝土梁的工程量清单及定额

7.4.4　混凝土板

混凝土板包括平板、楼层平台板、阳台板、阳台栏板、挑檐板、挑檐栏板，其清单及定额设置，如图 7-24 所示。

编码	类别	名称	专业	项目特征	单位	工程量表达式	工程量
⊟ 010505003001	项	平板		平板 1. 混凝土种类：预拌 2. 混凝土强度等级：C25	m3	13.4478+0.2009	13.65
A5-33	换	现浇混凝土 平板　换为【预拌碎石混凝土，T=190±30mm，粒径5~31.5mm，中粗砂，C25(32.5级)】	土建		10m3	QDL	1.36487
⊟ 010505006001	项	栏板		阳台栏板 1. 混凝土种类：预拌 2. 混凝土强度等级：C25	m3	0.4666	0.47
A5-50	换	现浇混凝土 栏板　换为【预拌碎石混凝土，T=190±30mm，粒径5~31.5mm，中粗砂，C25(32.5级)】	土建		10m3	QDL	0.04666
⊟ 010505007001	项	天沟(檐沟)、挑檐板		天沟(檐沟)、挑檐板 1. 混凝土种类：预拌 2. 混凝土强度等级：C25	m3	2.946	2.95
A5-55	换	现浇混凝土 挑檐天沟　换为【预拌碎石混凝土，T=190±30mm，粒径5~31.5mm，中粗砂，C25(32.5级)】	土建		10m3	QDL	0.2946
⊟ 010505007002	项	天沟(檐沟)、挑檐板		天沟(檐沟)、挑檐板(二层顶部挑檐栏板) 1. 混凝土种类：预拌		0.554	0.55
A5-55	换	现浇混凝土 挑檐天沟　换为【预拌碎石混凝土，T=190±30mm，粒径5~31.5mm，中粗砂，C25(32.5级)】	土建		10m3	QDL	0.0554
⊟ 010505008001	项	雨篷、悬挑板、阳台板		雨篷、悬挑板、阳台板(阳台板) 1. 混凝土种类：预拌 2. 混凝土强度等级：C25	m3	0.7632	0.76
A5-37	换	现浇混凝土 阳台　换为【预拌碎石混凝土，T=190±30mm，粒径5~31.5mm，中粗砂，C25(32.5级)】	土建		10m3	QDL	0.07632

图 7-24　混凝土板的工程量清单及定额

温馨提示： 板和楼层平台板的清单工程量加一起。

二层顶部挑檐栏板高 200mm，执行挑檐天沟相应子目；阳台栏板高度大于 400mm，所以套用栏板子目。

7.4.5　混凝土其它构件

混凝土其它构件包括楼梯、散水、女儿墙压顶，其清单及定额设置，如图 7-25 所示。

编码	类别	名称	专业	项目特征	单位	工程量表达式	工程量
⊟ 010506001001	项	直形楼梯		楼梯 1. 混凝土种类：预拌 2. 混凝土强度等级：C25	m2	7.1928	7.19
A5-44	换	现浇混凝土 楼梯 直形　换为【预拌碎石混凝土，T=190±30mm，粒径5~31.5mm，中粗砂，C25(32.5级)】	土建		10m2	QDL	0.71928
⊟ 010507001001	项	散水、坡道		散水 1. 1:1水泥砂浆一次抹光 2. 60mmC15碎石混凝土散水 3. 沥青砂浆嵌缝	m2	22.26	22.26
A5-60 + A5-61 * 3	换	现浇混凝土 散水 厚50mm面层一次抹光 实际厚度(mm):80	土建		100m2	QDL	0.2226
A8-165	定	填缝 沥青砂浆(胶泥)	土建		100m	34.7+6.99	0.4169
⊟ 010404001001	项	垫层		首层台阶垫层 1. 100厚C15碎石混凝土垫层	m3	6.39	6.39
A4-94	定	垫层 无筋混凝土	土建		10m3	1.19	0.119
⊟ 010507005001	项	扶手、压顶		女儿墙压顶 1. 混凝土种类：预拌 2. 混凝土强度等级：C20	m3	0.6822	0.68
A5-54	换	现浇混凝土 压顶　换为【预拌碎石混凝土，T=190±30mm，粒径5~31.5mm，中粗砂，C25(32.5级)】	土建		10m3	QDL	0.06822

图 7-25　混凝土板的工程量清单及定额

温馨提示：在散水中，对 A5-60 进行标准换算，将实际厚度修改为 80mm。

7.5 门窗工程

本工程的门窗包括：木质门、金属门、门联窗、金属窗等，由于定额中没有门联窗相应子目，所以门联窗的门和窗分开套，其清单与定额的设置，如图 7-26 所示。

编码	类别	名称	专业	项目特征	单位	工程量表达式	工程量
☐ 010801001001	项	木质门		木质门（装饰木门） 1.装饰木门（成品）	m2	16.2	16.2
B4-20	借	木质套装门 单扇门	装饰		10樘	8	0.8
☐ 010802001001	项	金属（塑钢）门		铝合金双扇推拉门	m2	8.19	8.19
B4-24	借	隔热断桥铝合金门安装 推拉	装饰		100m2	QDL	0.0819
☐ 010802001002	项	金属（塑钢）门		塑钢门（MC-1）	m2	2.43	2.43
B4-27	借	塑钢门安装 平开	装饰		100m2	QDL	0.0243
☐ 010807001001	项	金属（塑钢、断桥）窗		塑钢推拉窗（MC-1、C-1、C-2、C-3）	m2	5.4+30.04	35.44
B4-90	借	塑钢 普通窗 推拉	装饰		100m2	QDL	0.3544
☐ 010809004001	项	石材窗台板		大理石窗台板	m2	3.06	3.06
B4-125	借	窗台板 面层 石材	装饰		10m2	QDL	0.306

图 7-26　门窗工程的工程量清单及定额

7.6 屋面工程

屋面工程包括二层顶部屋面及挑檐屋面，根据清单，屋面可以分成 3 个清单：屋面、保温、防水。

7.6.1 屋面

屋面的清单及定额设置，如图 7-27 所示。

编码	类别	名称	专业	项目特征	单位	工程量表达式	工程量
☐ 010901002001	项	型材屋面		屋面（二层顶部） 1. SBS防水层上翻250mm（单列） 2.20厚1:2水泥砂浆找平层 3. 1:10水泥珍珠岩保温层100mm 4.1:1:10水泥石灰炉渣找坡平均厚50mm 5.20厚1:2水泥砂浆找平层	m2	81.6544	81.65
A4-100	定	找平层 水泥砂浆 在填充材料上 20mm	土建		100m2	QDL	0.81654
A4-97	定	垫层 炉(矿)渣 水泥石灰拌和	土建		10m3	QDL*0.05	0.40827
A4-101	定	找平层 水泥砂浆 在混凝土或硬基层上 20mm	土建		100m2	QDL	0.81654
☐ 010901002002	项	型材屋面		屋面（挑檐板顶部） 1. SBS防水层栏板处上翻200mm，女儿墙处上翻250mm（单列） 2.20厚1:2水泥砂浆找平层 3. 1:1:10水泥石灰炉渣找坡平均厚50mm 4.20厚1:2水泥砂浆找平层	m2	45.9744	45.97
A4-100	定	找平层 水泥砂浆 在填充材料上 20mm	土建		100m2	QDL	0.45974
A4-97	定	垫层 炉(矿)渣 水泥石灰拌和	土建		10m3	QDL*0.05	0.22987
A4-101	定	找平层 水泥砂浆 在混凝土或硬基层上 20mm	土建		100m2	QDL	0.45974

图 7-27　屋面的清单及定额设置

温馨提示：屋面的保温和防水清单单列，所以在型材屋面组价时就不套用这两项的定额。

7.6.2 屋面保温与防水

屋面保温与防水的清单及定额设置，如图 7-28 所示。

编码	类别	名称	项目特征	单位	工程量表达式	工程量
⊟ 011001001002	项	保温隔热屋面	屋面保温（二层顶部） 1.1:10水泥珍珠岩保温层 100mm	m2	81.6544	81.65
A9-11	定	屋面保温 现浇 水泥珍珠岩		10m3	QDL*0.1	0.81654
⊟ 010902001001	项	屋面卷材防水	屋面防水：二层顶部+挑檐板顶部 1.SBS防水层上翻250mm（二层顶部防水） 1.SBS防水层性板处上翻200mm，女儿墙处上翻250mm（挑檐板顶部防水）	m2	91.2744+45.9744	137.25
A8-107	定	高聚物改性沥青卷材防水 SBS改性沥青卷材:冷贴满铺 平面		100m2	QDL	1.37249

图 7-28 屋面保温与防水的清单及定额设置

7.6.3 屋面排水管

屋面排水管的清单及定额设置，如图 7-29 所示。

编码	类别	名称	专业	项目特征	单位	工程量表达式	工程量
⊟ 010902004001	项	屋面排水管		1.UPVC落水口、UPVC水斗、UPVC水落管，直径均为100mm	m	30	30
A8-63	定	屋面排水 UPVC水落管 φ100	土建		10m	QDL	3
A8-65	定	屋面排水 UPVC水落斗 φ100	土建		10个	4	0.4
A8-66	定	屋面排水 UPVC落水口	土建		10个	4	0.4

图 7-29 屋面排水管的清单及定额设置

7.7 墙面防水

墙面防水的清单及定额设置，如图 7-30 所示。

编码	类别	名称	专业	项目特征	单位	工程量表达式	工程量
⊟ 010903002001	项	墙面涂膜防水		基础层外墙涂膜防水 1.刷冷底子油一遍 2.热沥青2道	m2	42.42	42.42
A8-110	定	涂膜防水 刷冷底子油 第一遍	土建		100m2	QDL	0.4242
A8-126 + A8-129	换	涂膜防水 石油沥青一遍 砖墙面立面 实际遍数(遍)*2	土建		100m2	QDL	0.4242

图 7-30 墙面防水的清单及定额设置

对 A8-126 进行标准换算，如图 7-31 所示。

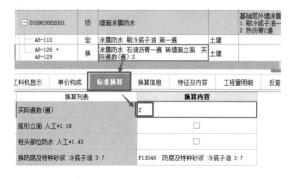

图 7-31 对 A8-126 进行标准换算

温馨提示：定额中防水涂料遍数与清单描述不符时注意标准换算。

7.8　地面防水

地面防水的清单及定额设置，并进行标准换算，如图 7-32 所示。

编码	类别	名称	专业	项目特征	单位	工程量表达式	工程量
⊟ 010904002001	项	楼（地）面涂膜防水		筏板涂膜防水 1. 刷冷底子油一遍 2. 热沥青2道	m2	121.5656	121.57
A8-110	定	涂膜防水 刷冷底子油 第一遍	土建		100m2	QDL	1.21566
A8-124 + A8-127	换	涂膜防水 石油沥青一遍 平面 实际遍数（遍）:2	土建		100m2	105.55	1.0555
A8-125 + A8-128	换	涂膜防水 石油沥青一遍 混凝土抹灰面立面 实际遍数（遍）:2	土建		100m2	16.02	0.1602

图 7-32　地面防水的清单及定额设置

7.9　墙面保温工程

墙面保温主要是外墙 27A 的保温，其清单及定额设置，如图 7-33 所示。

编码	类别	名称	专业	项目特征	单位	工程量表达式	工程量
A9-11	定	屋面保温 现浇 水泥珍珠岩	土建		10m3	QDL*0.1	0.7672
⊟ 011001003001	项	保温隔热墙面		外墙保温（外墙27A） 1. 2.5~7厚抹聚合物抗裂砂浆，聚合物抗裂砂浆硬化后铺镀锌钢丝网片 2. 满贴50厚硬泡聚氨酯保温层 3. 3~6厚粘结砂浆 4. 20厚1:3水泥防水砂浆（基层界面或毛化处理）	m2	314.7456	314.75
A9-67	定	墙体保温 钢丝网抹面层 抗裂砂浆5~8mm	土建		10m2	QDL	31.47456
A9-41 + A9-42 * 3	换	墙体保温 硬泡聚氨酯 厚20mm 实际厚度(mm):50	土建		10m2	QDL	31.47456
B2-1	借	水泥砂浆 砖墙 12+6mm	装饰		100m2	QDL	3.14746

图 7-33　墙面保温的清单及定额设置

温馨提示：定额中保温层厚度与清单描述不符时注意标准换算。

7.10　楼地面工程

楼地面工程主要包括楼地面、踢脚、楼梯及台阶面，并分别对其进行清单与定额的设置。

7.10.1　楼地面

7.10.1.1　地9

地 9 的清单及定额设置，如图 7-34 所示。

温馨提示：一般的黏结层都包含在面层里，不再单独套用定额了。

编码	类别	名称	专业	项目特征	单位	工程量表达式	**工程量**
⊟ 011102003001	项	块料楼地面		铺地砖地面（地9） 1.铺600mm×800mm×10mm泥砖，白水泥擦缝 2.20厚1:3干硬性水泥砂浆粘结层 3.素水泥一道 4.20厚1:3水泥砂浆找平 5.50厚C15混凝土垫层 6.150厚3:7灰土垫层	m2	70.4438	70.44
├ B1-19	借	楼地面 全瓷地砖周长3200mm以内 干硬性水泥砂浆粘贴 20mm	装饰		100m2	QDL	0.70444
├ B2-72	借	素水泥浆 有建筑胶 每增减一遍	装饰		100m2	QDL	0.70444
├ A4-101	定	找平层 水泥砂浆 在混凝土或硬基层上 20mm	土建		100m2	QDL	0.70444
├ A4-63	定	垫层 灰土 3:7	土建		10m3	QDL*0.05	0.35222
└ A4-94	定	垫层 无筋混凝土	土建		10m3	QDL*0.15	1.05666

图 7-34　地 9 的清单及定额设置

7.10.1.2　地面 E

地面 E 的清单及定额设置，如图 7-35 所示。

编码	类别	名称	专业	项目特征	单位	工程量表达式	工程量
⊟ 011102003002	项	块料楼地面		陶瓷锦砖地面（地面E） 1.5厚陶瓷锦砖铺实拍平，DTG擦缝 2.20厚水泥砂浆粘结层 3.20厚水泥砂浆找平层 4.1.5厚聚合物水泥基防水涂料 5.20厚水泥砂浆找平层 6.最厚50最薄35厚C15细石混凝土从门口处向地漏找坡 7.50厚C15混凝土垫层 8.100厚3:7灰土垫层	m2	3.4608	3.46
├ B1-21	借	楼地面 陶瓷锦砖 不拼花 干硬性水泥砂浆粘贴 20mm	装饰		100m2	QDL	0.03461
├ A4-101	定	找平层 水泥砂浆 在混凝土或硬基层上 20mm	土建		100m2	QDL	0.03461
├ A8-112 + A8-114	换	涂膜防水 聚合物水泥防水涂料 1.0mm厚 平面 实际厚度(mm):1.5	土建		100m2	QDL*1.116	0.04577
├ A4-101	定	找平层 水泥砂浆 在混凝土或硬基层上 20mm	土建		100m2	QDL	0.03461
├ A4-103 + A4-104 * 3, HP07056 P07001	换	找平层 细石混凝土 硬基层面上 30mm 实际厚度(mm):42.5 换为【预拌碎石混凝土, T=130±30mm, 粒径5~20mm, 中粗砂, C15】	土建		100m2	QDL	0.03461
├ A4-63	定	垫层 灰土 3:7	土建		10m3	QDL*0.05	0.0173
└ A4-94	定	垫层 无筋混凝土	土建		10m3	QDL*0.1	0.03461

图 7-35　地面 E 的清单及定额设置

温馨提示：

1. 垫层体积＝面层的工程量×垫层厚度。

2. 细石混凝土的平均厚度为：（50＋35)/2＝42.5（mm），定额里的厚度与清单里不一样时可以换算。

3. 定额规定立面防水的高度在 500mm 以内的按展开面积计算合并在平面工程量内套用平面防水定额。

7.10.1.3　楼面 E

楼面 E 的清单及定额设置，如图 7-36 所示。

7.10.1.4　楼 8D

楼 8D 的清单及定额设置，如图 7-37 所示。

7.10.1.5　楼 8C

楼 8C 的清单及定额设置，如图 7-38 所示。

7.10.2　踢脚

踢脚的清单及定额设置，如图 7-39 所示。

编码	类别	名称	专业	项目特征	单位	工程量表达式	工程量
011102003004	项	块料楼地面		陶瓷锦砖地面（楼面E） 1.1.5厚陶瓷锦砖铺实拍平，DTG擦缝 2.20厚水泥砂浆粘结层 3.20厚水泥砂浆找平层 4.1.5厚聚合物水泥基防水涂料 5.20厚水泥砂浆找平层 6.最厚50最薄35厚C15细石混凝土从门口处向地漏找坡	m2	3.4608	3.46
B1-21	借	楼地面 陶瓷锦砖 不拼花 干硬性水泥砂浆粘贴 20mm	装饰		100m2	QDL	0.03461
A4-101	定	找平层 水泥砂浆 在混凝土或硬基层上 20mm	土建		100m2	QDL+1.116	0.04577
A8-112 + A8-114	换	涂膜防水 聚合物水泥防水涂料 1.0mm厚 平面 实际厚度(mm):1.5	土建		100m2	QDL	0.03461
A4-101	定	找平层 水泥砂浆 在混凝土或硬基层上 20mm	土建		100m2	QDL	0.03461
A4-103 + A4-104 * 3,HP07056 P07001	换	找平层 细石混凝土 硬基层面上 30mm 实际厚度(mm):42.5 换为【预拌碎石混凝土，T=130±30mm，粒径5~20mm，中粗砂,C15】	土建		100m2	QDL	0.03461

图 7-36　楼面 E 的清单及定额设置

编码	类别	名称	项目特征	单位	工程量表达式	工程量
011102003003	项	块料楼地面	铺瓷砖地面（楼8D） 1.铺800mm*800mm*10mm瓷砖，白水泥擦缝 2.20厚1:4干硬性水泥砂浆粘结层 3.素水泥浆一遍 4.35厚C15细石混凝土找平层 5.素水泥浆一遍	m2	60.041	60.04
B1-19	借	楼地面 全瓷地砖 周长3200mm以内 干硬性水泥砂浆粘贴 20mm		100m2	QDL	0.60041
B2-72	借	素水泥浆 有建筑胶 每增减一遍		100m2	QDL	0.60041
A4-103 + A4-104,HP07056 P07001	换	找平层 细石混凝土 硬基层面上 30mm 实际厚度(mm):35 换为【预拌碎石混凝土,T=130±30mm,粒径5~20mm,中粗砂,C15】		100m2	QDL	0.60041
B2-72	借	素水泥浆 有建筑胶 每增减一遍		100m2	QDL	0.60041

图 7-37　楼 8D 的清单及定额设置

编码	类别	名称	项目特征	单位	工程量表达式	工程量
011106002001	项	块料楼梯面层	瓷质防滑地砖地面（楼8C） 1.铺300mm*300mm瓷质防滑地砖，白水泥擦缝 2.20厚1:3干硬性水泥砂浆粘结层 3.素水泥结合层一道	m2	9.2928	9.29
B1-74	借	楼梯 全瓷地砖 干硬性水泥砂浆粘贴 20mm		100m2	QDL	0.09293
B2-72	借	素水泥浆 有建筑胶 每增减一遍		100m2	QDL	0.09293

图 7-38　楼 8C 的清单及定额设置

编码	类别	名称	项目特征	单位	工程量表达式	工程量
011105001001	项	水泥砂浆踢脚线	水泥砂浆踢脚（踢2A） 1.8厚1：2.5水泥砂浆罩面压实赶光 2.18厚1：3水泥砂浆打底扫毛或划出纹道	m2	13.39	13.39
B1-55 HP11019 P11020	借换	踢脚线 水泥砂浆 12+6mm 换为【抹灰砂浆 水泥砂浆 1:2.5】		100m2	QDL	0.1339

图 7-39　踢脚的清单及定额设置

温馨提示：如果一条定额中包括了另一条定额，不用单独再套。

7.10.3　台阶面

楼梯及台阶面的清单及定额设置，如图 7-40 所示。

编码	类别	名称	项目特征	单位	工程量表达式	工程量
011107004001	项	水泥砂浆台阶面	水泥砂浆台阶面 1.20mm1:2.5水泥砂浆	m2	6.39	6.39
B1-83 HP11019 P11020	借换	台阶 水泥砂浆 20mm 混凝土表面 换为【抹灰砂浆 水泥砂浆 1:2.5】		100m2	QDL	0.0639

图 7-40　楼梯及台阶面的清单及定额设置

7.11　墙面装饰

墙面装饰包括内墙、外墙，内墙裙，并分别对其进行清单与定额的设置。

7.11.1　内墙

内墙装修包括内墙 5A、内墙 B，其清单及定额设置，如图 7-41 所示。

编码	类别	名称	项目特征	单位	工程量表达式	工程量
⊟ 011201002001	项	墙面装饰抹灰	墙面一般抹灰（内墙5A） 1.抹灰面刮三遍仿瓷涂料 2.5厚1:2.5水泥砂浆找平 3.9厚1:3水泥砂浆打底扫毛或划出纹道	m2	415.4252	415.43
B5-187	借	仿瓷涂料 墙面 三遍		100m2	QDL	4.15425
A4-101 + A4-102 * -3, HP11021…	换	找平层 水泥砂浆 在混凝土或硬基层上 20mm 实际厚度(mm):5 换为【抹灰砂浆 1:2.5】		100m2	405.04	4.0504
B2-28 HP11019 P1…	借换	拉毛 砖墙面 14+10mm 换为【抹灰砂浆 水泥砂浆 1:3】		100m2	405.04	4.0504
⊟ 011204003001	项	块料墙面	釉面砖墙面（内墙B） 1.DTG砂浆勾缝。5厚釉面砖面层 2.5厚水泥砂浆粘结层 3.8厚水泥砂浆打底 4.水泥砂浆勾实接缝，修补墙面	m2	49.118	49.12
B2-101	借	墙面 粘贴面砖 周长600mm以内 胶粘剂 找平层9+3mm 密缝		100m2	QDL	0.49118
B2-1	借	水泥砂浆 砖墙 12+6mm		100m2	QDL	0.49118
B2-32	借	水泥砂浆勾缝 砖墙		100m2	QDL	0.49118

图 7-41　内墙的清单及定额设置

7.11.2　外墙

外墙装修包括外墙 5B、外墙 27A，其清单及定额设置，如图 7-42 所示。

编码	类别	名称	项目特征	单位	工程量表达式	工程量
B2-32	借	水泥砂浆勾缝 砖墙		100m2	QDL	0.49118
⊟ 011201001001	项	墙面一般抹灰	水泥砂浆墙面（外墙5B） 1.6厚1:2.5水泥砂浆罩面 2.12厚1:3水泥砂浆打底扫毛或划出纹道	m2	37.2072	37.21
B2-1	借	水泥砂浆 砖墙 12+6mm		100m2	QDL	0.37207
B2-30	借	甩毛 砖墙面 12+6mm		100m2	QDL	0.37207
⊟ 011204003002	项	块料墙面	贴面砖墙面（外墙27A） 1.8厚面砖,专用瓷砖粘贴剂粘贴	m2	332.5056	332.51
B2-95	借	墙面 粘贴面砖 周长600mm以内 水泥砂浆 9+3+5mm 密缝		100m2	QDL	3.32506

图 7-42　外墙的清单及定额设置

7.11.3　内墙裙

内墙裙 10A1 的清单及定额设置，如图 7-43 所示。

编码	类别	名称	项目特征	单位	工程量表达式	工程量
⊟ 011207001001	项	墙面装饰板	胶合板墙裙（内墙10A1） 1.饰面:血漆刮腻子、磨砂纸、刷底漆二遍、刷聚酯清漆二遍 2.粘柚木饰面板 3.12mm木质基层板 4.木龙骨（断面30mm×40mm,间距300mm×300mm) 5.墙面原浆找平	m2	15.924	15.92
B5-100	借	其他木材面 满刮腻子,底漆两遍、聚酯清漆两遍		100m2	QDL	0.15924
B2-292	借	柚木板 安装在基层板上 普通		100m2	QDL	0.15924
B2-252	借	胶合板 砖墙上 板厚12mm以内		100m2	QDL	0.15924
B2-218	借	附直形墙木龙骨 断面30mm×40mm 间距300×300mm以内		100m2	QDL	0.15924
B2-32	借	水泥砂浆勾缝 砖墙		100m2	QDL	0.15924

图 7-43　内墙裙的清单及定额设置

7.12　天棚抹灰

天棚抹灰包括棚 2B、楼梯底部装修、棚 A，其清单及定额设置，如图 7-44 所示。

编码	类别	名称	专业	项目特征	单位	工程量表达式	工程量
⊟ 011301001001	项	天棚抹灰		涂料天棚（棚2B） 1.抹灰面刮三遍仿瓷涂料 2.2厚1：2.5纸筋灰面层 3.10厚1：1：4混合砂浆打底 4.刷素水泥浆一遍（内掺建筑胶）	m2	166.836	166.84
B5-188	借	仿瓷涂料 天棚面 三遍	装饰		100m2	QDL	1.66836
B3-1 HP11019 F11020、HP11021 F11020	借换	水泥砂浆 混凝土面天棚 现浇 5+3mm 换为【抹灰砂浆 水泥砂浆 1：2.5】 换为【抹灰砂浆 水泥砂浆 1：2.5】	装饰		100m2	QDL	1.66836
B3-3	借	混合砂浆 混凝土面天棚 现浇 5+3mm	装饰		100m2	QDL	1.66836
B2-72	借	素水泥浆 有建筑胶 每增减一遍	装饰		100m2	QDL	1.66836
⊟ 011301001002	项	天棚抹灰		涂料天棚（棚2B） 楼梯底部天棚抹灰 1.抹灰面刮三遍仿瓷涂料 2.2厚1：2.5纸筋灰面层 3.10厚1：1：4混合砂浆打底 4.刷素水泥浆一遍（内掺建筑胶）	m2	8.6314	8.63
B5-188	借	仿瓷涂料 天棚面 三遍	装饰		100m2	QDL	0.08631
B3-1 HP11019 F11020、HP11021 F11020	借换	水泥砂浆 混凝土面天棚 现浇 5+3mm 换为【抹灰砂浆 水泥砂浆 1：2.5】 换为【抹灰砂浆 水泥砂浆 1：2.5】	装饰		100m2	QDL	0.08631
B3-3	借	混合砂浆 混凝土面天棚 现浇 5+3mm	装饰		100m2	QDL	0.08631
B2-72	借	素水泥浆 有建筑胶 每增减一遍	装饰		100m2	QDL	0.08631
⊟ 011301001003	项	天棚抹灰		棚A：刷涂料顶棚 1.板底10厚水泥砂浆抹平 2.刮屆厚耐水腻子 3.刮两摩洗白色涂料	m2	6.7392	6.74
B3-1	借	水泥砂浆 混凝土面天棚 现浇 5+3mm	装饰		100m2	QDL	0.06739
B5-216	借	成品腻子粉 天棚面 满刮两遍	装饰		100m2	QDL	0.06739
B5-188	借	仿瓷涂料 天棚面 三遍	装饰		100m2	QDL	0.06739

图 7-44　天棚抹灰的清单及定额设置

温馨提示：砂浆材质不同时需要换算。

7.13　其它

7.13.1　楼梯栏杆

楼梯栏杆的清单及定额设置，如图 7-45 所示。

编码	类别	名称	专业	项目特征	单位	工程量表达式	工程量
⊟ 011503001001	项	金属扶手、栏杆、栏板		不锈钢楼梯栏杆	m	8.09	8.09
B6-109	借	栏板、栏杆（不带扶手）不锈钢栏杆	装饰		10m	QDL	0.809

图 7-45　楼梯栏杆的清单及定额设置

7.13.2　散水伸缩缝

散水伸缩缝没有确定的定额子目，因此将其加到散水的清单下面就行，A8-165 这条子目上直接加上 6.99 的工程量。散水伸缩缝的清单及定额设置，如图 7-46 所示。

编码	类别	名称	专业	项目特征	单位	工程量表达式	工程量
⊟ 010507001001	项	散水、坡道		散水 1.1：1水泥砂浆一次抹光 2.80mmC15细石混凝土散水 3.沥青砂浆嵌缝	m2	22.26	22.26
A5-60 + A5-61 * 3	换	现浇混凝土 散水 厚50mm面层一次抹光 实际厚度(mm)：80	土建		100m2	QDL	0.2226
A8-165	定	填缝 沥青砂浆(胶泥)	土建		100m	34.7+6.99	0.4169

图 7-46　散水伸缩缝的清单及定额设置

第8章 钢筋工程

 任务引导

　　根据计量软件导出的钢筋工程量对本案例工程的钢筋工程进行清单及定额的组价，主要包括：① 主体钢筋（包含措施筋）；② 钢筋接头；③ 植筋；④ 预埋铁件，并注意钢筋的标号信息。

8.1 主体钢筋

　　主体钢筋包括一级 6.5mm、8mm、10mm、12mm 钢筋，三级 8mm、10mm、12mm、14mm、16mm、20mm、22mm、25mm 钢筋，其清单及定额设置，如图 8-1 所示。

编码	类别	名称	专业	项目特征	单位	工程量表达式	工程量
⊟ 010515001001	项	现浇构件钢筋		一级6.5钢筋	t	0.692591	0.693
└─ A5-283	定	现浇构件圆钢筋 φ10以内	土建		t	QDL	0.69259
⊟ 010515001002	项	现浇构件钢筋		一级8钢筋	t	1.505429	1.505
└─ A5-283	定	现浇构件圆钢筋 φ10以内	土建		t	QDL	1.50543
⊟ 010515001003	项	现浇构件钢筋		一级10钢筋	t	1.920262	1.92
└─ A5-283	定	现浇构件圆钢筋 φ10以内	土建		t	QDL	1.92026
⊟ 010515001004	项	现浇构件钢筋		一级12钢筋	t	1.486989	1.487
└─ A5-284	定	现浇构件圆钢筋 φ14以内	土建		t	QDL	1.48699
⊟ 010515001005	项	现浇构件钢筋		三级8钢筋	t	0.796483	0.796
└─ A5-286	定	现浇构件带肋钢筋 φ10以内	土建		t	QDL	0.79648
⊟ 010515001006	项	现浇构件钢筋		三级10钢筋	t	0.638316	0.638
└─ A5-286	定	现浇构件带肋钢筋 φ10以内	土建		t	QDL	0.63832
⊟ 010515001007	项	现浇构件钢筋		三级12钢筋	t	1.372332	1.372
└─ A5-287	定	现浇构件带肋钢筋 φ14以内	土建		t	QDL	1.37233
⊟ 010515001008	项	现浇构件钢筋		三级14钢筋	t	0.43576	0.436
└─ A5-287	定	现浇构件带肋钢筋 φ14以内	土建		t	QDL	0.43576
⊟ 010515001009	项	现浇构件钢筋		三级16钢筋	t	0.315744	0.316
└─ A5-288	定	现浇构件带肋钢筋 φ25以内	土建		t	QDL	0.31574
⊟ 010515001010	项	现浇构件钢筋		三级18钢筋	t	0.839108	0.839
└─ A5-288	定	现浇构件带肋钢筋 φ25以内	土建		t	QDL	0.83911
⊟ 010515001011	项	现浇构件钢筋		三级20钢筋	t	0.142472	0.142
└─ A5-288	定	现浇构件带肋钢筋 φ25以内	土建		t	QDL	0.14247
⊟ 010515001012	项	现浇构件钢筋		三级22钢筋	t	1.780064	1.78
└─ A5-288	定	现浇构件带肋钢筋 φ25以内	土建		t	QDL	1.78006
⊟ 010515001013	项	现浇构件钢筋		三级25钢筋	t	6.06961	6.07
└─ A5-288	定	现浇构件带肋钢筋 φ25以内	土建		t	QDL	6.06961

图 8-1　主体钢筋的清单及定额设置

温馨提示：

1. 主体钢筋套价方法相同。

2. 注意定额中钢筋直径范围。

3. 在工料机显示里直接修改钢筋的规格，使其与清单描述一致，以一级 6.5 钢筋为例，如图 8-2 所示。

图 8-2　修改定额中的钢筋规格及型号

8.2　钢筋接头

钢筋接头主要为直螺纹接头，直径为 16mm、18mm、25mm，其清单及定额设置，如图 8-3 所示。

编码	类别	名称	专业	项目特征	单位	工程量表达式	工程量
□ 010516003001	项	机械连接		直螺纹接头，直径16	个	8	8
└ A5-314	定	直螺纹钢筋接头 φ25以内	土建		10个	QDL	0.8
□ 010516003002	项	机械连接		直螺纹接头，直径18	个	370	370
└ A5-314	定	直螺纹钢筋接头 φ25以内	土建		10个	QDL	37
□ 010516003003	项	机械连接		直螺纹接头，直径25	个	36	36
└ A5-314	定	直螺纹钢筋接头 φ25以内	土建		10个	QDL	3.6

图 8-3　钢筋接头的清单及定额设置

温馨提示：注意修改定额中钢筋的规格及型号与清单描述一致，以直径为 16 的直螺纹接头为例，如图 8-4 所示。

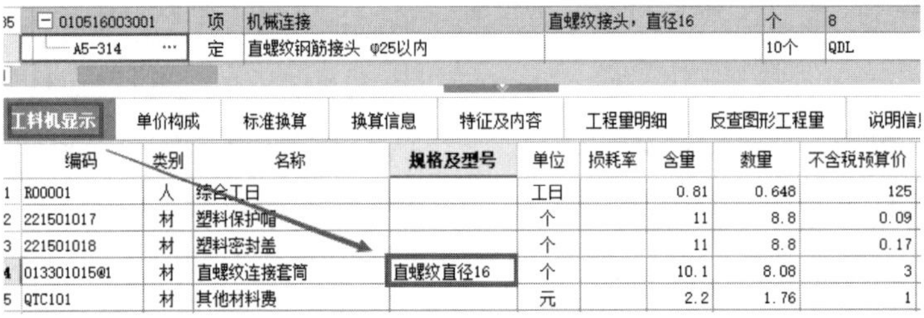

图 8-4　修改定额中的钢筋规格及型号

8.3　植筋

植筋的清单及定额设置，如图 8-5 所示。

⊟ 010515001014	项	现浇构件钢筋		直径10的植筋	个	8
└ A5-323	定	植筋 钢筋直径14mm以内	土建		10个	QDL
⊟ 010515001015	项	现浇构件钢筋		直径12的植筋	个	220
└ A5-323	定	植筋 钢筋直径14mm以内	土建		10个	QDL
⊟ 010515001016	项	现浇构件钢筋		直径14的植筋	个	4
└ A5-323	定	植筋 钢筋直径14mm以内	土建		10个	QDL
⊟ 010515001017	项	现浇构件钢筋		直径16的植筋	个	8
└ A5-324	定	植筋 钢筋直径18mm以内	土建		10个	QDL
⊟ 010516002001	项	预埋铁件		楼梯栏杆预埋铁件	t	0.01

图 8-5　植筋的清单及定额设置

温馨提示：清单没有植筋的编码，借用现浇钢筋的编码。

8.4　预埋铁件

铁件就是预埋的铁件，本工程楼梯栏杆下面应当有铁件，但图纸没有标注选用什么图集，没办法精确计算，大概估计一个数量 0.005t。预埋铁件的清单及定额设置，如图 8-6 所示。

编码	类别	名称	专业	项目特征	单位	工程量表达式	工程量
⊟ 010516002001	项	预埋铁件		楼梯栏杆预埋铁件	t	0.01	0.01
└ A5-327	定	铁件	土建		t	QDL	0.01

图 8-6　预埋铁件的清单及定额设置

第9章 措施项目

根据计量软件导出的土建工程量对本案例工程的措施项目进行清单及定额的组价，在组价前，首先进行清单的整理，注意对模板工程及脚手架的清单及定额设置。

9.1 整理

9.1.1 整理清单

前面套分部分项，是按着本案例工程算量导出来的表格顺序来进行的，下面需要整理一下顺序，要把这个工程分成建筑和装饰两个部分。

单击菜单栏中"整理清单"下的"分部整理"→弹出"分部整理"的对话框，选择"需要章分部标题"→单击"确定"，如图 9-1 所示。

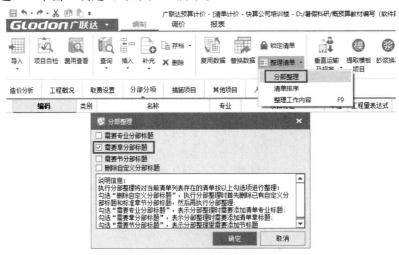

图 9-1 分部整理

分部整理后会自动生成章节，并分为建筑部分与装饰部分，如图 9-2 所示。

9.1.2 分成2个文件

把原文件复制一个，修改文件名称为"快算公司培训楼-建筑"与"快算公司培训楼-装饰"。打开装饰文件把土建部分删除，打开建筑文件把装饰部分删除。

打开"快算公司培训楼-装饰"文件，选择要删除的章节右键，单击"删除当前节点"，将建筑部分都删掉即可，如图 9-3 所示。

图 9-2 分部整理的结果

图 9-3 修改装饰文件

同样的方式，将建筑工程文件打开，删除装饰对应章节部分。

9.1.3 合并为一个项目

打开建筑工程文件，在工程信息里把名称改为"快算公司培训楼-建筑"，如图 9-4 所示。

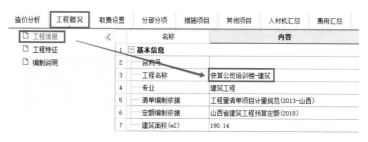

图 9-4 修改建筑工程名称

打开装饰工程，在工程信息里把名称改为"快算公司培训楼-装饰"。

重新打开"广联达云计价平台 GCCP5.0"，单击"新建"→单击"新建投标项目"，输入"项目名称"为"快算公司培训楼"→单击"下一步"→单击"完成"，如图 9-5 所示。

选择工程名称，单击右键，单击"导入单位工程"，分别导入前面建立的建筑工程文件与装饰工程文件，如图 9-6 所示。

在导入单位工程时，选择"导入后费率按导入的单位工程设置"，如图 9-7 所示。

温馨提示：本工程只做了建筑和装饰，如果有安装专业，也可以都导入，这就是项目管理的方式。

（1）方便查看总造价；

（2）方便调整材料价格；

（3）如果要调整其中的一个项目内容也非常方便。

图 9-5　新建快算公司培训楼

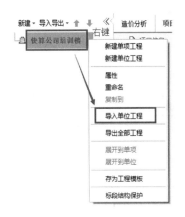

图 9-6　导入装饰工程与建筑工程文件

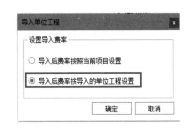

图 9-7　导入单位工程

9.2　施工组织措施项目

打开"快算公司培训楼-建筑"，单击"措施项目"，对措施项目进行设置。

对于施工组织措施项目的费用，软件已经做进去了，按软件默认即可，如图 9-8 所示。

图 9-8　施工组织措施项目费用

9.3　施工技术措施项目

9.3.1　模板工程

9.3.1.1　基础模板

基础模板的清单及定额设置，措施项目的清单中没有垫层模板的项目，就借用基础。如图 9-9 所示。

序号	类别	名称	单位	项目特征	组价方式	计算基数	费率(%)	工程量
□二		施工技术措施项目						
□011702001001		基础	m2	满堂基础复合模板	可计量清单			8.48
A11-21	定	现浇混凝土模板 筏板基础 有梁式 木胶合模板	100m2					0.0848
□011702001002		基础	m2	垫层复合模板	可计量清单			4.32
A11-1	定	现浇混凝土模板 混凝土基础垫层 木胶合模板	100m2					0.0432

图 9-9　基础模板的清单及定额设置

温馨提示：其它模板的套法同基础。

9.3.1.2　柱模板

柱模板的清单及定额设置，如图 9-10 所示。

序号	类别	名称	单位	项目特征	组价方式	计算基数	费率(%)	工程量
□011702002001		矩形柱	m2	矩形柱复合模板	可计量清单			139.17
A11-34	定	现浇混凝土模板 矩形柱 木胶合模板	100m2					1.3917
A11-41	定	现浇混凝土模板 柱支撑高度超过3.3m，每增加1m 木支撑	100m2					0.00103
□011702003002		构造柱	m2	构造柱复合模板	可计量清单			41.28
A11-34	定	现浇混凝土模板 矩形柱 木胶合模板	100m2					0.41281

图 9-10　柱模板的清单及定额设置

9.3.1.3　梁模板

梁模板的清单及定额设置，如图 9-11 所示。

9.3.1.4　板模板

板模板的清单及定额设置，如图 9-12 所示。

序号	类别	名称	单位	项目特征	组价方式	计算基数	费率(%)	工程量
011702005001		基础梁	m2	基础梁复合模板	可计量清单			22.54
A11-43	定	现浇混凝土模板 基础梁 木胶合模板	100m2					0.2254
011702006001		矩形梁	m2	矩形梁复合模板	可计量清单			130.52
A11-45	定	现浇混凝土模板 矩形梁 木胶合模板	100m2					1.3052
A11-54	定	现浇混凝土模板 梁支撑高度超过3.3m每增加1m 木支撑	100m2					1.3052
011702009001		过梁	m2	过梁复合模板	可计量清单			25.56
A11-51	定	现浇混凝土模板 过梁 木胶合模板	100m2					0.2556

图 9-11 梁模板的清单及定额设置

序号	类别	名称	单位	项目特征	组价方式	计算基数	费率(%)	工程量
011702016001		平板	m2	平板复合模板	可计量清单			139.32
A11-67	定	现浇混凝土模板 平板 木胶合模板	100m2					1.39318
A11-76	定	现浇混凝土模板 板支撑高度超过3.3m每增加1m 木支撑	100m2					1.39318
011702021001		栏板	m2	阳台栏板复合模板	可计量清单			15.55
A11-64	定	现浇混凝土模板 栏板 木胶合模板	100m2					0.1555
011702022001		天沟、檐沟	m2	挑檐及挑檐板复合模板	可计量清单			52.56
A11-66	定	现浇混凝土模板 挑檐天沟 木模板	100m2					0.5256
011702023001		雨篷、悬挑板、阳台板	m2	阳台板复合模板	可计量清单			7.63
A11-74	定	现浇混凝土模板 阳台 木胶合模板	10m2···					0.7632

图 9-12 板模板的清单及定额设置

9.3.1.5 楼梯及其它构件模板

楼梯及其它构件模板的清单及定额设置，如图 9-13 所示。

序号	类别	名称	单位	项目特征	组价方式	计算基数	费率(%)	工程量
011702024001		楼梯	m2	楼梯复合模板	可计量清单			7.19
A11-79	定	现浇混凝土模板 直形楼梯 木胶合模板	10m2···					0.719
011702025001		其他现浇构件	m2	压顶复合模板	可计量清单			7.1
A11-93	定	现浇混凝土模板 压顶 木模板	100m2					0.071
011702027001		台阶	m2	台阶复合模板	可计量清单			6.39
A11-90	定	现浇混凝土模板 台阶 木模板	10m2···					0.639
011702029001		散水	m2	散水复合模板	可计量清单			3.95
A11-90	定	现浇混凝土模板 台阶 木模板	10m2···					0.395

图 9-13 楼梯及其它构件模板的清单及定额设置

温馨提示：定额里没有散水相应子目，借用台阶的定额子目进行计算。

9.3.2 脚手架

根据计算规则：外脚手架面积＝外墙面外边线×外墙面高度；里脚手架面积＝内墙净长×墙高。脚手架的清单及定额设置，如图 9-14 所示。

序号	类别	名称	单位	项目特征	组价方式	计算基数	费率(%)	工程量
011701002001		外脚手架	m2	外墙脚手架	可计量清单			377.74
A10-2	定	建筑物脚手架 钢管脚手架 双排 高度在15m以内	100m2					3.7774
011701003001		里脚手架	m2		可计量清单			173.32
A10-7	定	建筑物脚手架 里脚手架 3.3m以内	100m2					1.7332

图 9-14 脚手架的清单及定额设置

9.3.3 混凝土泵送费

本工程的混凝土采用混凝土泵送，因此需要在措施项目中增加一个混凝土泵送费，其中，混凝土泵送费是指用地泵等工具将混凝土送到楼上浇捣点所发生的费用。清单中没有混凝土泵送费项目，因此需要补充清单。单击"插入"下的"插入清单"，输入编码及名称，如图 9-15 所示。

序号	类别	名称	单位	项目特征	组价方式	计算基数	费率(%)	工程量
─ B001		混凝土泵送费	m3		可计量清单			140.7
A5-99	定	混凝土泵送(檐口高度20m以内)	100m3					1.407

图 9-15　混凝土泵送费

温馨提示：混凝土泵送费的工程量是所有混凝土构件体积之和，需要注意的是楼梯混凝土是按投影面积计算的，要乘以楼梯每平方米混凝土含量 0.247，在实际施工中按照实际泵送的混凝土体积套用泵送费。

第10章 其它项目

> **任务引导**
>
> 根据招标方的要求对其它项目进行设置，其它项目包括：暂列金额、专业工程暂估价、计日工、总承包服务费。

打开建筑工程，单击"其它项目"，其它项目分为四个部分，相应部分填写必须在各个分项里填写。

10.1 暂列金额

暂列金额：招标人在工程量清单中暂定并包括在合同价款中的一笔款项。用于施工合同签订时尚未确定或者不可预见的所需材料、设备、服务的采购，施工中可能发生的工程变更、合同约定调整因素出现时的工程价款调整以及发生的索赔、现场签证确认等的费用。

暂列金额的费用是甲方填写的，是为了支付项目的变更、签证等，结算以后剩余的部分归还甲方，以下只是为了介绍，与本案例工程无关。如图10-1所示。

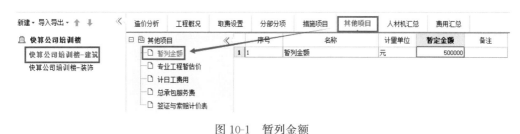

图 10-1 暂列金额

10.2 专业工程暂估价

暂估价：招标人在工程量清单中提供的用于支付必然发生但暂时不能确定价格的材料、

工程设备的单价以及专业工程的金额。专业工程暂估价在投标阶段先估算一个价格，计入总造价。如图 10-2 所示。

图 10-2　专业工程暂估价

10.3　计日工

计日工：在施工过程中，承包人完成发包人提出的施工图纸以外的零星项目或工作，按合同中约定的综合价计价的一种方式。在计日工费用中只输入人工单价，数量按现场签证的量，如图 10-3 所示。

序号	名称	单位	数量	不含税预算价	不含税市场价
1	计日工				
2	一 人工				
3	1 人工单价	1	200	200	200
4	二 材料				
5				0	0
6	三 施工机械				
7				0	0

图 10-3　计日工

温馨提示：计日工：只输入人工单价，数量按现场签证的量来结算。

10.4　总承包服务费

总承包服务费：总承包人为配合协调发包人进行的专业工程分包，发包人自行采购的设备、材料等进行保管以及施工现场管理、竣工资料汇总整理等服务所需的费用。

10.4.1　分包总价取费

分包总价取费是用所有分包的总数×费率（费率可自行确认），如图 10-4 所示。

图 10-4　分包总价取费

10.4.2　分包项目分别取费

分包项目分别取费是用各个项目分别取费，项目造价×费率（费率可自行确认），如图 10-5 所示。

图 10-5　分包项目分别取费

温馨提示：

（1）暂列金额、专业工程暂估价，是招标方给定的数字，投标方只需填写就行。

（2）总承包服务费可以分两种形式来取费，投标方自行考虑。

（3）暂估价里还有一个材料暂估价，这个不在这里体现，在"人材机"汇总里，直接把材料价格输入进去就行。

（4）装饰工程的措施项目费、其它项目费的计算与建筑工程类似，这里就不再赘述了。

第11章 人材机调价

任务引导

为减少定额单价与信息价或市场价的差价，投标方可根据企业自有的价格及市场发布的信息价进行人材机调价，主要是对主要材料、人工、主要机械进行价格调整。

单击项目名称，单击"人材机汇总"（这样就可以对建筑和装饰一起进行调整），如图 11-1 所示。

图 11-1　人材机调价

调整价格的方式：

（1）根据招标文件的要求，导入某月的造价信息；

（2）选择造价信息上的人工、材料价格；

（3）对于造价信息上没有的价格：①输入材料暂估的价格；②要自行询价。

11.1　载入造价信息

单击菜单栏中"载价"下的"批量载价"，如图 11-2 所示。

图 11-2　进行批量载价

弹出"批量载价"对话框，根据招标文件，选择地区和月份，如图 11-3 所示。

图 11-3　选择批量载价的地区和月份

批量载价完成如图 11-4 所示。

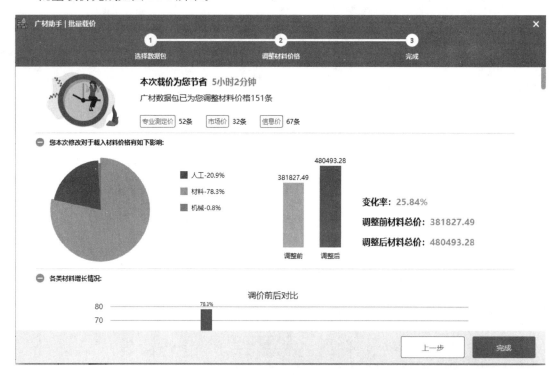

图 11-4　批量载价完成

载价后，材料的价格发生变化（山西的造价信息的价格是不含税的），颜色变化的是进行了价格调整，另外还有好多材料的价格是没有调整的，那就需要自己选择造价信息的价格进行调整，如图 11-5 所示。

	编码	类别	名称	规格型号	单位	不含税预算价	不含税市场价
2	R00003	人	综合工日		工日	140	77
3	010101016	材	热轧光圆钢筋	一级10钢筋	t	3185.08	3828
4	010101016	材	热轧光圆钢筋	一级6.5钢筋	t	3185.08	3828
5	010101016	材	热轧光圆钢筋	一级8钢筋	t	3185.08	3828
6	010101017	材	热轧光圆钢筋	HPB300 11~20m…	t	3369.16	3740
7	010101020	材	热轧光圆钢筋	一级12钢筋	t	3399.13	3819
8	010301016	材	热轧带肋钢筋	三级8钢筋	t	3219.33	3810
9	010301016	材	热轧带肋钢筋	三级10钢筋	t	3219.33	3810
10	010301019	材	热轧带肋钢筋	三级12钢筋	t	3227.89	3828
11	010301019	材	热轧带肋钢筋	三级14钢筋	t	3227.89	3828
12	010301020	材	热轧带肋钢筋	三级16钢筋	t	3167.95	3766
13	010301020	材	热轧带肋钢筋	三级18钢筋	t	3167.95	3766
14	010301020	材	热轧带肋钢筋	三级20钢筋	t	3167.95	3766
15	010301020	材	热轧带肋钢筋	三级22钢筋	t	3167.95	3766
16	010301020	材	热轧带肋钢筋	三级25钢筋	t	3167.95	3766

图 11-5　载价后的价格变化

11.2　按造价信息调整材料价格

单击选择要调整的材料→单击"广材信息服务"→单击"信息价"→单击选择"地区与期数"→单击造价信息里的对应价格，如图 11-6 所示。

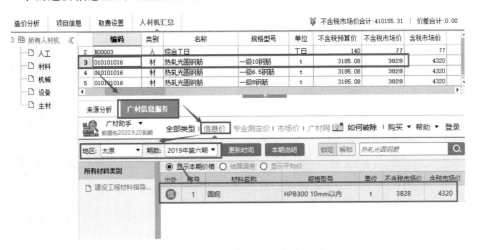

图 11-6　按造价信息调整材料价格

其余材料调价方法同上。

温馨提示：

（1）如果造价信息没有价格，那就看给的暂估价格里是否有，如果没有就自行询价；

（2）价格调整了以后，软件就自己把这个材料价格返到分部分项里。

第 12 章　费用汇总与报表输出

 任务引导

　　对整个案例工程组价完成后，需要对该案例工程的建筑部分及装饰部分的单位工程造价进行汇总，可以清晰地了解该案例单位工程造价的各部分费用，并在此基础上生成各种所需要的报表，方便招标方导出招标工程量清单及招标控制价，也方便投标方进行投标报价。

12.1　费用汇总

12.1.1　建筑部分费用汇总

　　单击建筑工程项目，单击"费用汇总"，即可得到单位工程造价，如图 12-1 所示。

	序号	费用代号	名称	计算基数	基数说明	费率(%)	金额	费用类别
1	1	F1	分部分项工程费	FBFXHJ	分部分项合计		313,086.57	分部分项工程量清单
2	2	F2	施工技术措施项目费	JSCSF	技术措施项目合计		48,109.31	技术措施费
3	3	F3	施工组织措施项目费	ZZCSF	组织措施项目合计		9,232.77	组织措施费
4	4	F4	其他项目费	QTXMHJ	其他项目合计		0.00	其他项目费
5	4.1	F41	暂列金额	暂列金额	暂列金额		0.00	
6	4.2	F42	专业工程暂估价	专业工程暂估价	专业工程暂估价		0.00	
7	4.3	F43	计日工	计日工	计日工		0.00	
8	4.4	F44	总承包服务费	总承包服务费	总承包服务费		0.00	
9	5	F5	税金（扣除不列入计税范围的工程设备费）	F1+F2+F3+F4-FBF_2_SCJ-FBZCF_2_SCJ-FBSBF_2_SCJ	分部分项工程费+施工技术措施项目费+施工组织措施项目费+其他项目费-不取费项市场价直接费-不取费项市场价主材费-不取费项市场价设备费	10	37,042.87	税金
10	6	F6	单位工程造价	F1+F2+F3+F4+F5	分部分项工程费+施工技术措施项目费+施工组织措施项目费+其他项目费+税金（扣除不列入计税范围的工程设备费）		407,471.52	工程造价

图 12-1　建筑部分费用汇总

12.1.2　装饰部分费用汇总

　　单击装饰工程项目，单击"费用汇总"，即可得到单位工程造价，如图 12-2 所示。

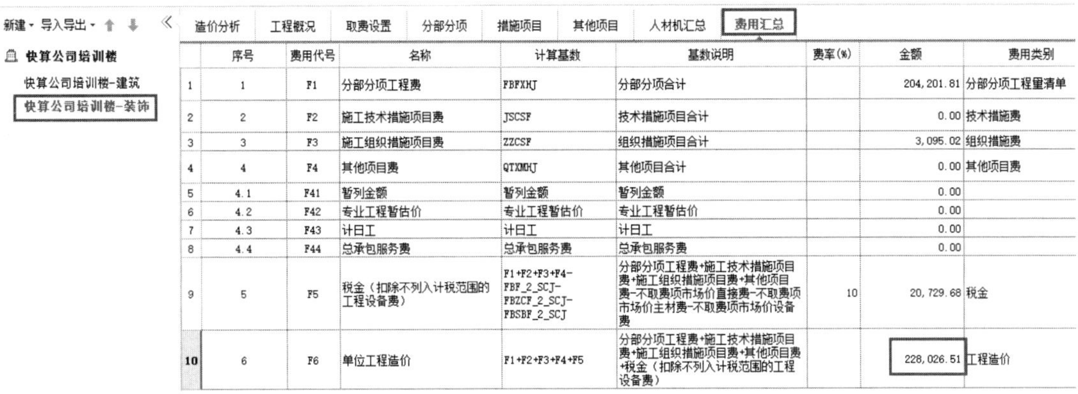

图 12-2　装饰部分费用汇总

12.1.3　建筑、装饰造价汇总

单击"快算公司培训楼"项目，单击"造价分析"，即可得到项目造价，如图 12-3 所示。

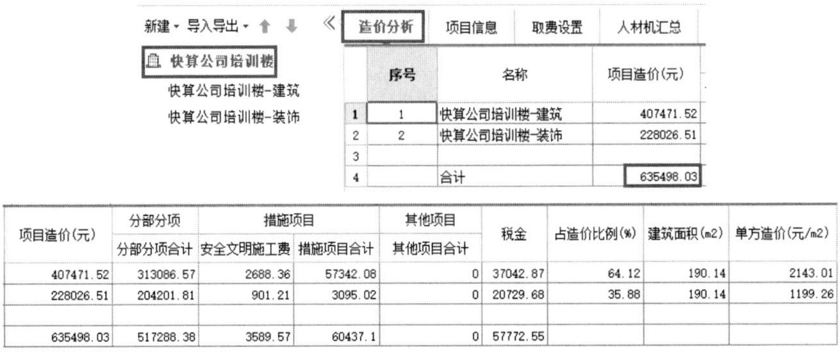

图 12-3　建筑、装饰造价汇总

12.2　报表输出

经过上述汇总后的报表，主要包括招标方和投标方的各种报表，编织者可以根据自己的需要导出所需要的报表。单击菜单栏中的"报表"→单击文件"快算公司培训楼-建筑"→单击"招标方"下的"表-08 分部分项工程和单价措施项目清单与计价表"→单击"保存报表"，并选择保存路径即可。如图 12-4 所示。

温馨提示：其它各种报表的导出步骤与"表-08 分部分项工程和单价措施项目清单与计价表"完全相同。

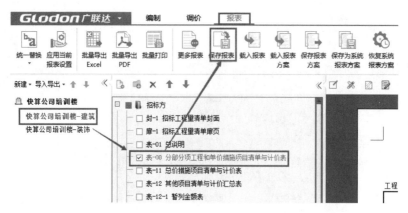

图 12-4　分部分项工程和单价措施项目清单与计价表

附 图

设计总说明

一、工程概况
1. 项目名称：快算公司培训楼。地上两层。建筑面积：185.756m²。
2. 建筑耐火等级：二级。
3. 建筑设计合理使用年限：50年。

二、墙体工程
1. 外墙采用370mm厚页岩砖，内墙采用240mm厚页岩砖，屋面女儿墙采用240mm厚页岩砖。
2. 正负零以下砌筑采用M5水泥砂浆，正负零以上砌筑采用M5混合砂浆。

门窗表

名称	宽度/mm		高度/mm		离地高/mm	窗台板	材质	数量			总数
								一层	二层		
M-1	3900		2100				铝合金90系列双扇推拉门	1			1
M-2	900		2400				装饰门扇	2	2		4
M-3	900		2100				装饰门扇	1	1		2
C-1	1500		1800		900	有	塑钢平开窗	4	4		8
C-2	1800		1800		900		塑钢平开窗	1	1		2
C-3	700		1400		900		塑钢平开窗	1	1		2
	其中		其中								
	总宽	窗宽	门宽	总高	窗高	门高					
MC-1	3900	1500	900	2700	1800	2700	900		塑钢门联窗		1	1

3. 窗台板做法：1：3水泥砂浆粘贴大理石窗台板，宽180mm。
4. 油漆：装饰门油漆，刷底漆一遍，刷氨聚酯酮清漆两遍，楼梯采用不锈钢栏杆扶手，不用油漆。

工程名称	快算公司培训楼
图名	概况、门窗表
图号	建总1
设计	张向荣

装修做法表

层	房间名称	地面	踢脚120mm	墙裙1200mm	墙面	天棚
一层	接待室	地9		裙10A1	内墙5A	棚2B
	办公室	地9	踢2A		内墙5A	棚2B
	财务处	地9	踢2A		内墙5A	棚2B
	楼梯间	地9	踢2A		内墙5A	棚2B 楼梯底板做法：棚2B
	休息室	楼8D	踢2A		内墙5A	棚2B
二层	定额计价工作室	楼8D	踢2A		内墙5A	棚2B
	清单计价工作室	楼8D	踢2A		内墙5A	棚2B
	楼梯间	楼8C	踢2A		内墙5A	棚2B
	阳台	楼8D			内墙5A 栏板内装修：内墙5A 阳台栏板外装修为：外墙27A陶质釉面砖（红色）	棚2B 阳台板板底：棚2B
屋顶	挑檐				挑檐立面装修：外墙27A，陶质釉面砖（红色）	挑檐板板底：棚2B
	女儿墙				女儿墙内侧、压顶装修：外墙5B	
外墙装修		外墙裙：高900mm，外墙27A，贴陶质釉面砖（白色） 外墙面：外墙27A，贴陶质釉面砖（白色），釉面砖周长600mm以内，勾缝				
卫生间装修		地面E：陶瓷锦砖（马赛克）楼面，内墙B：釉面砖墙面，棚A：刷涂料顶棚				
台阶		水泥砂浆台阶				
散水		混凝土散水				
楼梯		地砖面层				

工程名称	饮算公司培训楼
图名	装修做法表
图号	建总2　设计　张向荣

工程做法明细表1

编号	装修名称	用料及分层做法
地9	铺瓷砖地面	1. 铺800 mm×800mm×10mm瓷砖,白水泥擦缝
		2. 20mm 厚1:3干硬性水泥砂浆黏结层
		3. 素水泥结合层一道
		4. 20mm 厚1:3水泥砂浆找平
		5. 50mm 厚C15混凝土垫层
		6. 150mm 厚3:7灰土垫层
		7. 素土夯实
楼8C	瓷质防滑地砖	1. 铺 300 mm×300mm瓷质防滑地砖,白水泥擦缝
		2. 20mm 厚1:3干硬性水泥砂浆黏结层
		3. 素水泥结合层一道
		4. 钢筋混凝土楼梯
		注:楼梯侧面抹1:2水泥砂浆20mm厚
		楼梯为不锈钢扶手、栏杆
踢2A	水泥砂浆踢脚	1. 8mm 厚1:2.5水泥砂浆罩面压实赶光
		2. 18mm 厚1:3水泥砂浆打底扫毛或划出纹道
楼8D	铺瓷砖地面	1. 铺 800 mm×800mm×10mm瓷砖,白水泥擦缝
		2. 20mm 厚1:3干硬性水泥砂浆黏结层
		3. 素水泥浆一遍
		4. 35mm 厚C15细石混凝土找平层
		5. 素水泥浆一遍
		6. 钢筋混凝土楼板
(楼)地面E	陶瓷锦砖地面	1. 5mm 厚陶瓷锦砖铺实拍平,DTG擦缝
		2. 20mm 厚水泥砂浆黏结层
		3. 20mm 厚水泥砂浆找平层
		4. 1.5mm 厚聚合物水泥基防水涂料(防水上翻150mm)
		5. 20mm 厚水泥砂浆找平层
		6. 最厚50mm,最薄35mm厚C15细石混凝土从门口处向地漏处找坡
		7. 50mm 厚C15混凝土垫层(仅首层)
		8. 100mm 厚3:7灰土垫层(仅首层)

工程名称	快算公司培训楼		
图 名	工程做法明细表1		
图 号	建总3	设计	张向荣

工程做法明细表2

编号	装修名称	用料及分层做法
裙10A1	胶合板墙裙	1. 饰面油漆刮腻子、磨砂纸、刷底漆两遍，刷聚酯清漆两遍
		2. 粘贴木饰面板
		3. 12mm木质基层板
		4. 木龙骨（断面30mm×40mm，间距300mm×300mm）
		5. 墙缝原浆抹平(用于砖墙)
内墙5A	水泥砂浆墙面	1. 抹灰面刮三遍仿瓷涂料
		2. 5mm厚1：2.5水泥砂浆找平
		3. 9mm厚1：3水泥砂浆打底扫毛或划出纹道
内墙B	釉面砖墙面	1. DTG砂浆勾缝
		2. 5mm厚釉面砖面层
		3. 5mm厚水泥砂浆黏结层
		4. 8mm厚水泥砂浆打底
		5. 水泥砂浆勾实接缝，修补墙面
棚A	刷涂料顶棚	1. 板底10mm厚水泥砂浆抹平
		2. 刮2mm厚耐水腻子
		3. 刮耐擦洗白色涂料
棚2B	石灰砂浆抹灰天棚	1. 抹灰面刮三遍仿瓷涂料
		2. 2mm厚1：2.5纸筋灰罩面
		3. 10mm厚1：1：4混合砂浆打底
		4. 刷素水泥浆一遍（内掺建筑胶）
外墙5B	水泥砂浆墙面	1. 6mm厚1：2.5水泥砂浆罩面
		2. 12mm厚1：3水泥砂浆打底扫毛或划出纹道
外墙27A	面砖	1. 8mm厚面砖，专用瓷砖粘贴剂粘贴
		2. 5mm厚抹聚合物抗裂砂浆，聚合物抗裂砂浆硬化后铺设镀锌钢丝网片(铺满)
		3. 满贴50mm厚硬泡聚氨酯保温层
		4. 3~5mm厚黏结砂浆
		5. 20mm厚1：3水泥防水砂浆(基层界面或毛化处理)
台阶	水泥砂浆台阶	1. 20mm1：2.5水泥砂浆面层
		2. 100mmC15碎石混凝土台阶
		3. 素土夯实
散水	混凝土	1. 1：1水泥砂浆面层一次抹光
		2. 80mmC15碎石混凝土散水
		3. 沥青砂浆嵌缝

工程名称	快算公司培训楼		
图 名	工程做法明细表2		
图 号	建总4	设计	张向荣

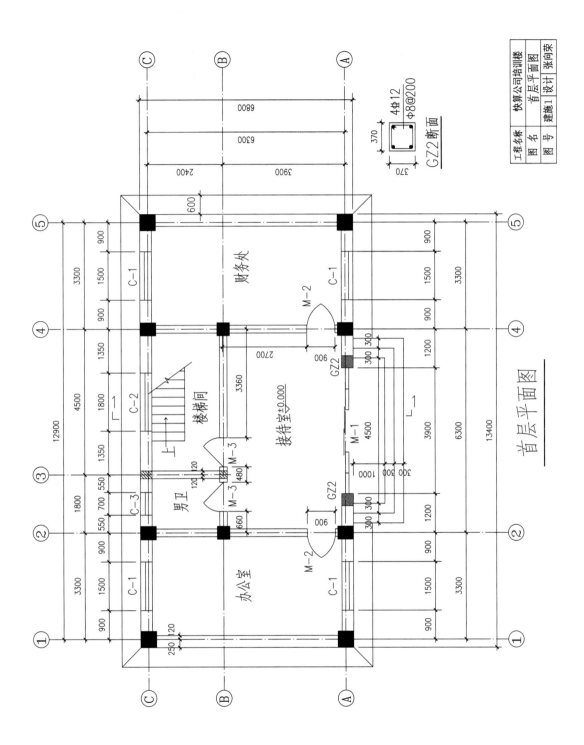

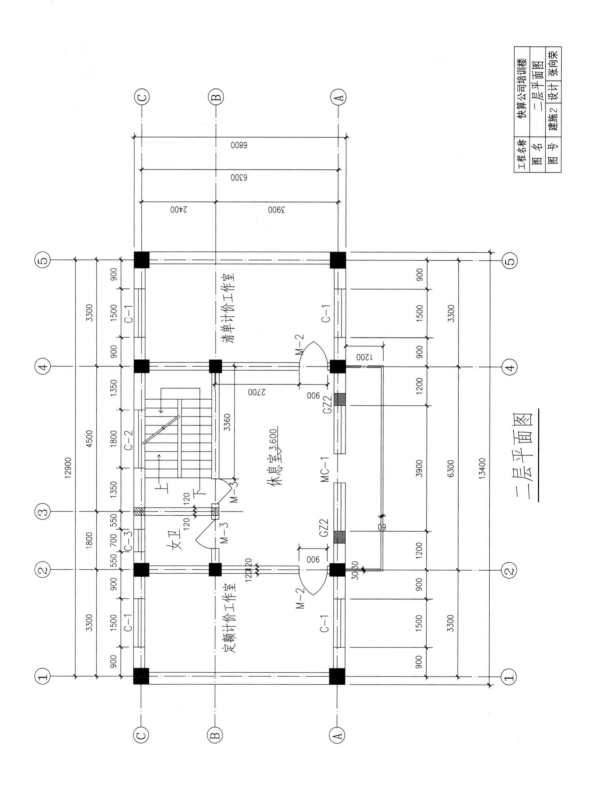

二层平面图

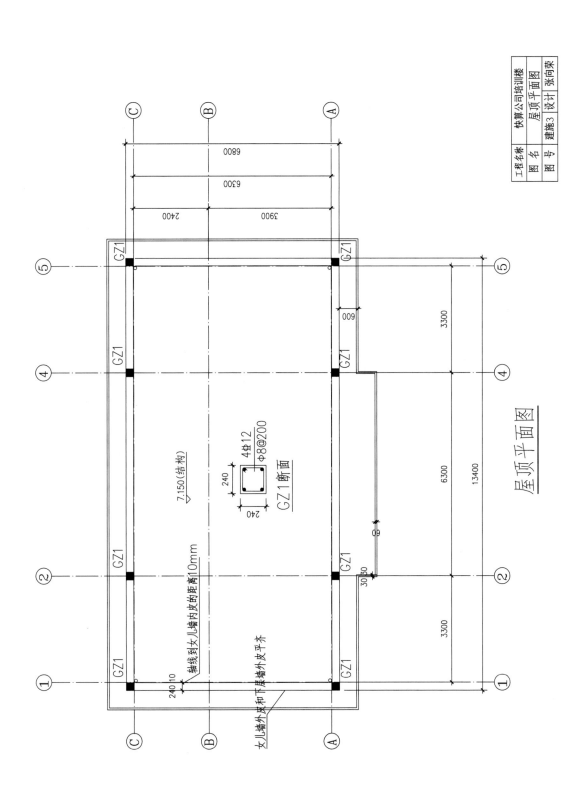

屋顶平面图

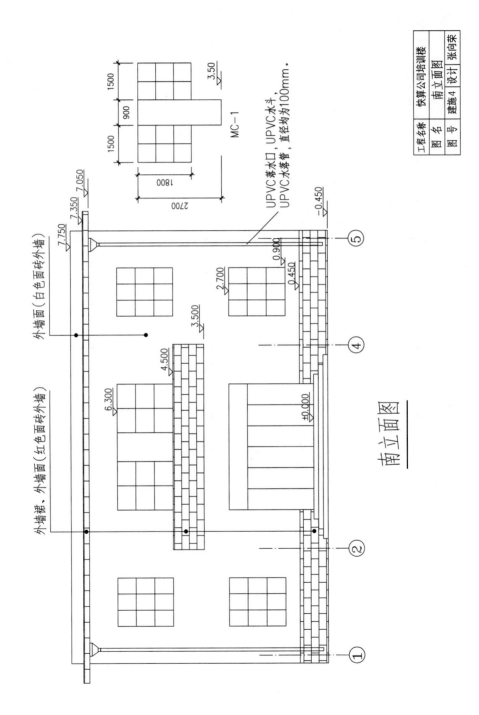

南 立 面 图

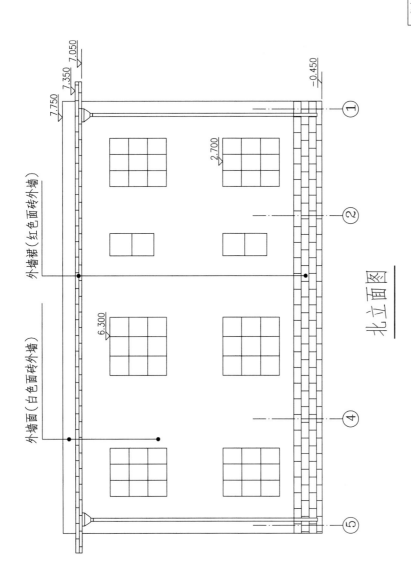

北立面图

工程名称	快算公司培训楼
图名	北立面图
图号	建施5	设计	张向荣

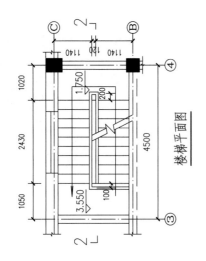

楼梯平面图

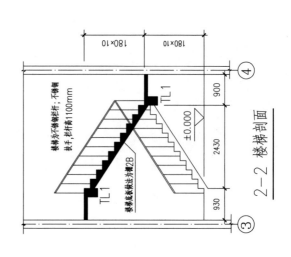

2—2 楼梯剖面

工程名称	快算公司培训楼
图 名	建筑剖面图及楼梯样图
图 号	建施6	设 计	张向荣

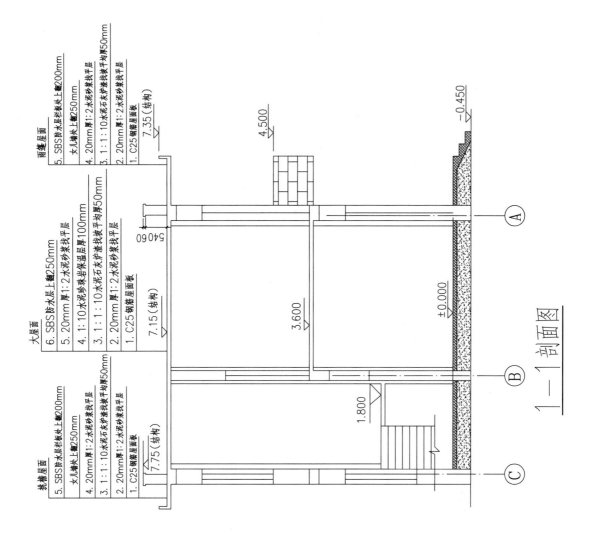

1—1 剖面图

结构设计总说明

一、结构类型

框架结构，基础为条形式条板式条形基础。

二、自然条件

1. 抗震设防烈度：8度。
2. 抗震等级：二级。

三、本工程设计所遵循的标准、规范、规程

1. 《建筑结构可靠度设计统一标准》（GB 50068—2008）
2. 《建筑结构荷载规范》（GB 50009—2012）
3. 《混凝土结构设计规范》（GB 50010—2010）
4. 《建筑抗震设计规范》（GB 50011—2010）
5. 《建筑地基基础设计规范》（GB 50007—2011）
6. 《混凝土结构施工图平面整体表示方法制图规则和构造详图》（16G101—1~3）

四、钢筋混凝土结构构造

1. 最外层钢筋的混凝土保护层厚度见下表，本工程环境类别为一类。

最外层钢筋的混凝土保护层厚度

环境类别	板/mm	墙/mm	梁、柱/mm
一	15	15	20

注：
1. 表中混凝土保护层厚度指最外层钢筋外边缘至混凝土表面的距离。
2. 构件中的受力钢筋的保护层厚度不应小于钢筋的公称直径。
3. 基础底面钢筋的保护层厚度，不应小于40mm。

2. 钢筋的连接形式及要求：

（1）纵向受力钢筋直径≥16mm的纵筋应采用机械连接接头，接头应50%错开，接头性能等级不低于II级。

（2）当采用搭接时，搭接长度详见16G101—1图集57、58页。

3. 钢筋锚固长度和搭接长度详见16G101—1图集57、58页。

4. 钢筋混凝土现浇楼（屋）面板：板内分布钢筋当采用HPB300级时，直径应采用Φ8@200。

5. 钢筋混凝土楼（屋）面板，在次梁两侧（主梁不仅包括框架梁）时主次梁各设3组箍筋，箍筋肢数、直径同次梁，间距50mm。
图中未注明时，在次梁两侧应设3组箍筋，主次梁范围内仍应配置箍筋。

五、主要结构材料

1. 钢筋级别及符号

钢筋级别	HPB300	HRB400
符号	Φ	Φ

2. 混凝土强度等级

部位	混凝土强度等级
基础垫层	C15
地下部分主体结构楼板、基础梁、柱/地上主体结构柱	C30
一层~屋面主体结构板、梁、楼梯	C25
其余各结构构件构造柱、过梁、圈梁等	C20

六、填充墙

1. 墙体加筋：砖墙与框架柱及构造柱接处应设拉接筋，每隔500mm高设置2根Φ6拉接筋，并伸进墙内1000mm，伸入柱内180mm。

2. 填充墙构造柱设置应满足以下要求：墙端部、拐角、纵横墙交接处十字相交，大于4m不再增构造柱，女儿墙高度大于4m，均设构造柱。直形墙构造柱间距不应大于4m。构造柱与墙体连接处应沿墙高每隔500mm设拉结筋或成马牙槎。构造柱截面尺寸同墙宽，构造柱纵筋按图纸设计或构造配筋。构造柱先浇筑填充墙，后浇混凝土，构造柱主筋应锚入上下层楼板或梁内，锚入长度见L_a。

填充墙构造柱配筋图

3. 过梁采用现浇混凝土过梁，过梁混凝土强度等级为C20，过梁截面尺寸及配筋见下。

过梁尺寸及配筋表 (mm)

门窗洞口宽度	b≤1200		1200<b≤2400		2400<b≤4000		4000<b≤5000	
过梁截面 b×h	b×120		b×180		b×300		b×400	
墙厚 过梁高度 配筋	①	②	①	②	①	②	①	②
b=90 b=90	2Φ10	2Φ14	2Φ12	2Φ14	2Φ14	2Φ18	2Φ16	2Φ20
90<b≤240 90<b≤240	2Φ10	3Φ12	2Φ12	3Φ14	2Φ16	3Φ16	2Φ16	3Φ20
b>240 b>240	2Φ10	2Φ12	2Φ12	4Φ14	4Φ16	4Φ14	2Φ16	4Φ20

工程名称	快算公司培训楼
图名	结构总说明
图号	结总1
设计	张向荣

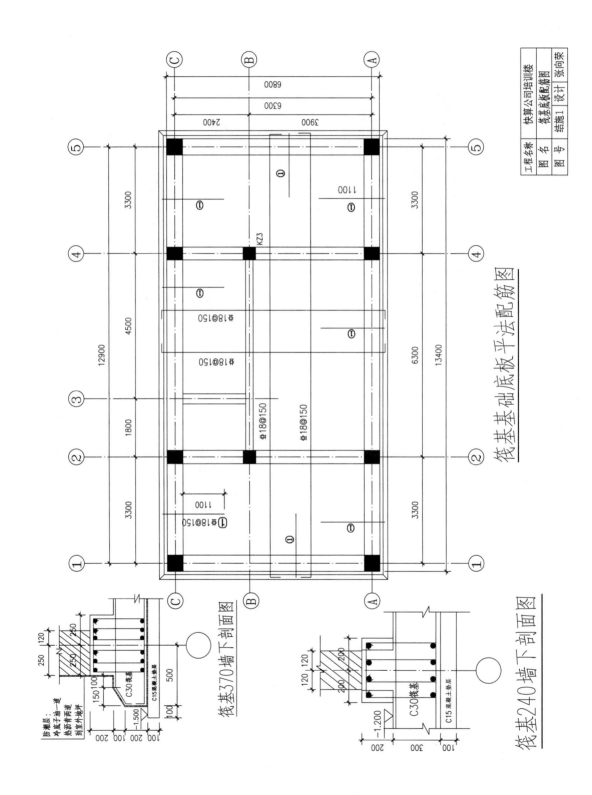

筏基基础底板平法配筋图

筏基370墙下剖面图

筏基240墙下剖面图

工程名称	快算公司培训楼		
图 名	筏基底板配筋图		
图 号	结施1	设 计	张向荣

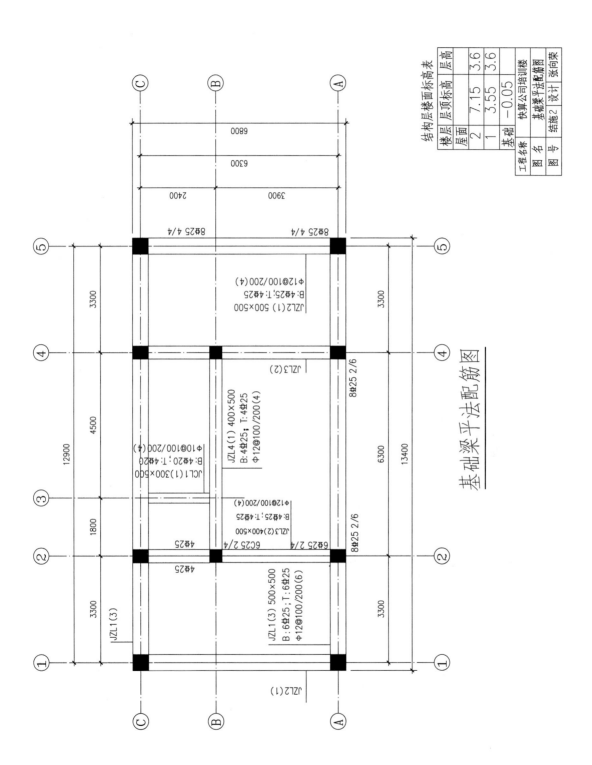

基础梁平法配筋图

结构层楼面标高层高表			
楼层	层顶标高	层高	
屋面 2	7.15	3.6	
1	3.55	3.6	
基础	-0.05		

工程名称	快算公司培训楼
图　名	基础梁平法配筋图
图　号	结施2 设计 张向荣

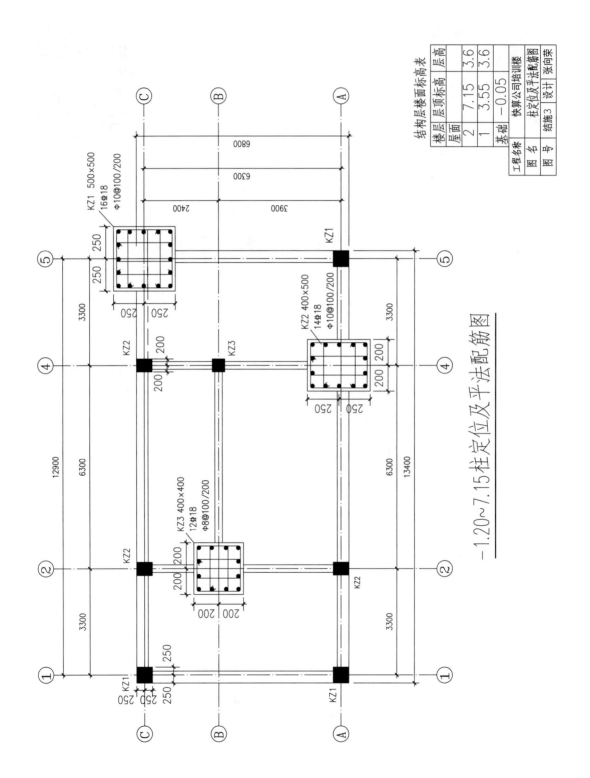

-1.20~7.15柱定位及平法配筋图

工程名称	快算公司培训楼
图 名	柱定位及平法配筋图	设计	张向荣
图 号	结施3

结构层楼面标高表

楼层	层顶标高	层高
屋面	7.15	3.6
2	3.55	3.6
1	-0.05	
基础		

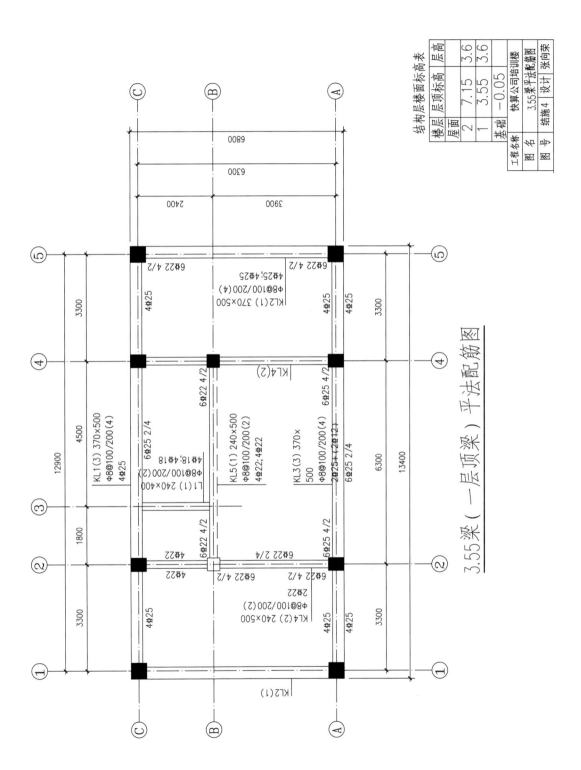

3.55梁（一层顶梁）平法配筋图

结构层楼面标高表		
楼层	层顶标高	层高
屋面 2	7.15	3.6
1	3.55	3.6
基础	−0.05	

工程名称	快算公司培训楼
图　名	3.55梁平法配筋图
图　号	结施4　设计　张向荣

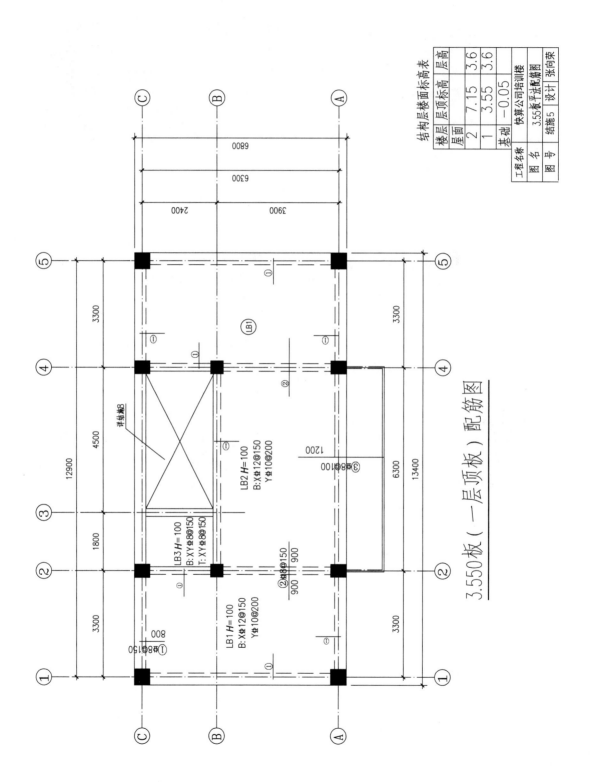

3.550板（一层顶板）配筋图

结构层楼面标高表		
工程名称	快算公司培训楼	
图 名	3.55承平法配筋图	
图 号	结施5	设计 张向荣

结构层楼面标高表		
楼层	层顶标高	层高
屋面	7.15	3.6
2	3.55	3.6
1	3.55	
基础	-0.05	

LB1 H=100
B:X⊕12@150
Y⊕10@200

LB2 H=100
B:X⊕12@150
Y⊕10@200

LB3 H=100
B:XY⊕8@150
T:XY⊕8@150

详结施8

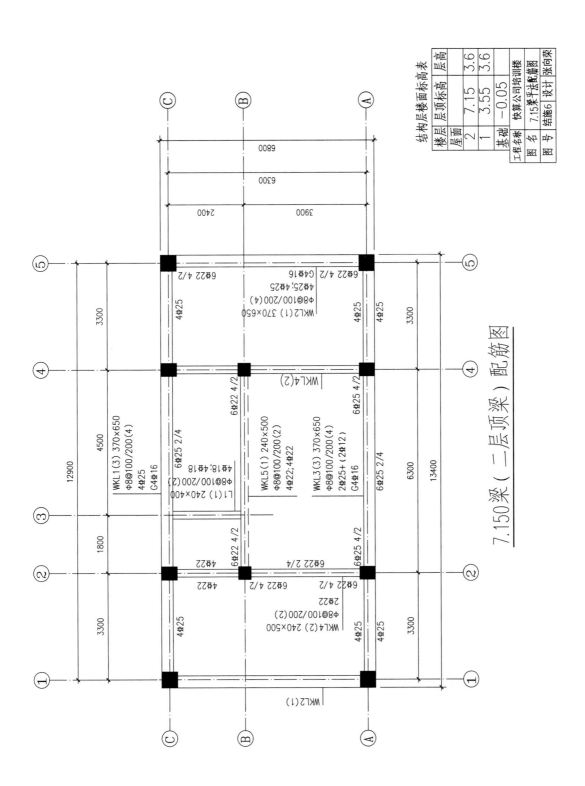

7.150梁（二层顶梁）配筋图

结构层楼面标高高表		
楼层	层顶标高	层高
屋面	7.15	3.6
2	3.55	3.6
1		
基础	-0.05	

工程名称	快算公司培训楼	
图名	7.15梁平法配筋图	
图号	结施6	设计	张向荣

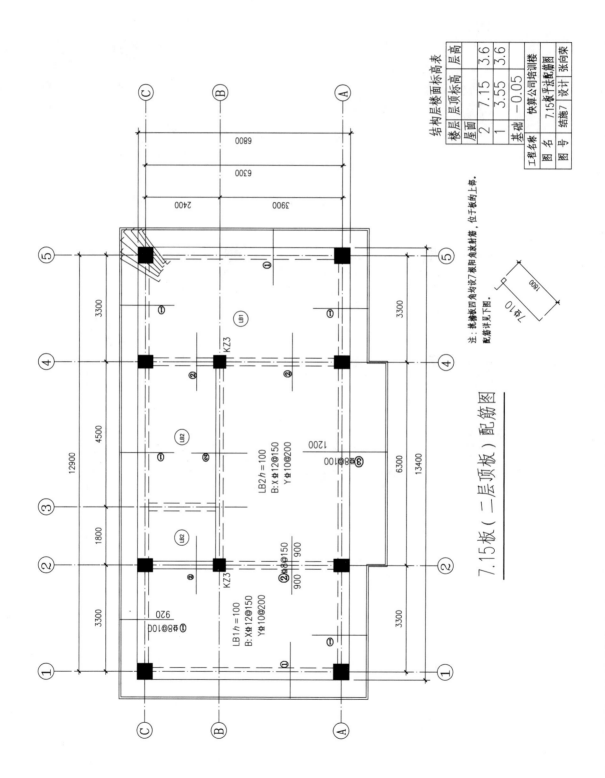

7.15板（二层顶板）配筋图

结构层楼面标高表			
楼层	层顶标高	层顶标高	层高
屋面	2	7.15	3.6
	1	3.55	3.6
	基础	−0.05	

工程名称	快算公司培训楼
图 名	7.15板平法配筋图
图 号	结施7	设计	张向荣

注：挑檐板四角均设7根阳角放射筋，位于板的上部。
配筋详见下图。

LB2 h=100
B: X Φ12@150
Y Φ10@200

LB1 h=100
B: X Φ12@150
Y Φ10@200

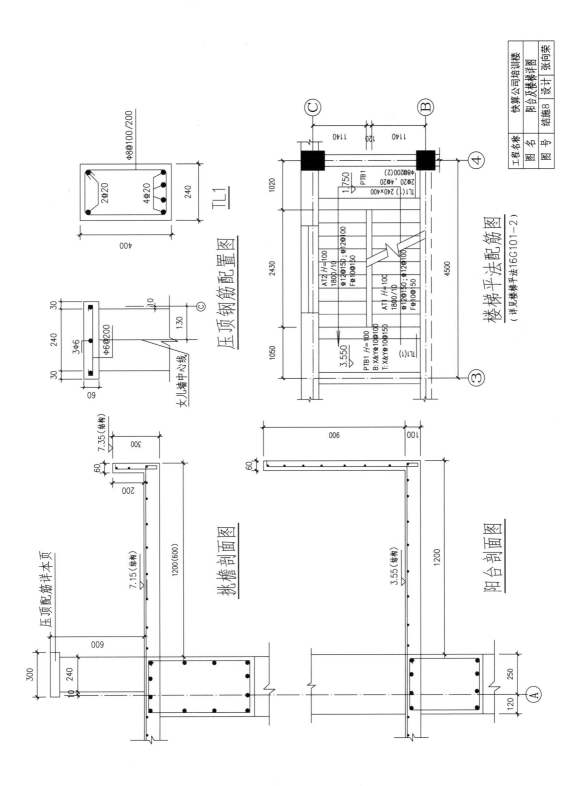

参考文献

[1] 建筑工程概预算.阎俊爱.北京：化学工业出版社，2013.

[2] 剪力墙实例软件算量.阎俊爱.北京：化学工业出版社，2013.